Wilhelm Meyer

Geologischer Führer zum Geo-Pfad „Vulkanpark Brohltal / Laacher See“

Herausgeber: Verbandsgemeinde Brohltal
Autor: Prof. Dr. Wilhelm Meyer

Umschlag: Paul Dümpelmann

Görres Verlag Koblenz,
zweite überarbeitete Auflage, Dezember 1995

CIP Titelaufnahme der Deutschen Bibliothek
Printed in Germany
ISBN 3-920388-35-6

Inhalt

Vorwort . . . . S. 5

Einleitung . . . . S. 7

Erdgeschichte des Brohltals . . . . S. 10

Route H Auto-Exkursion . . . . S. 21

Route U Unteres Brohltal . . . . S. 34

Route M Mittleres Brohltal . . . . S. 48

Route O Oberes Brohltal . . . . S. 56

Route L Laacher See . . . . S. 76

Wie kann ich mich mit Geologie beschäftigen? . . . . . . S. 89

Literatur . . . . S. 92

Glossar . . . . S. 95

Abbildungsnachweis . . . . S. 97

Ortsregister . . . . S. 98

Vorwort

Brohltal und Laacher-See-Gebiet zählen geologisch zu den interessantesten Gebieten dieser Erde. Deshalb wurde es seit dem 18. Jahrhundert erforscht. Das Geopfadprojekt Vulkanpark Brohltal/Laacher See wurde 1990 angedacht. Drei Jahre wurde an diesem Unternehmen gearbeitet.

Der Vulkanpark Brohltal/Laacher See besteht aus fünf Routen, einer Auto- und / oder Fahrradtour, die zum Kennenlernen der Region vorgeschaltet werden kann und vier Rundwanderwegen. Diese Routen haben eine Gesamtlänge von 140 km und beinhalten ca. 70 Aufschlußpunkte. Drei Routen können auch an Haltestellen des historischen Vulkanexpress, einer alten Eisenbahn, die von Brohl am Rhein bis in die Hocheifel nach Engeln fährt, gestartet werden.

Die Verbandsgemeinde Brohltal, bestehend aus 17 Ortsgemeinden, ist Träger dieses Projektes. Den geologischen Gegebenheiten und touristischen Erfordernissen folgend, beschränkte man sich nicht auf die Gemeindegrenzen. So wurde über lokale Grenzen hinweg gutnachbarlich zusammengearbeitet. Den Mitgliedern des Verbandsgemeinderates und der Ausschüsse sei hier für ihr Engagement und die Förderung dieses Vorhabens gedankt, ebenso den vielen Grundeigentümern und den Ortsgemeinden, ohne deren Unterstützung das Projekt nicht möglich gewesen wäre. Finanziell ermöglicht wurde dieses Projekt durch Zuschüsse des Landes Rheinland-Pfalz, des Kreises Ahrweiler, Spenden der Kreissparkasse Ahrweiler und der Volksbank Brohltal sowie unzählige Stunden ehrenamtlicher Arbeit.

Damit dieses Projekt umgesetzt werden konnte, bedurfte es der Arbeit vieler. Stellvertretend seien hier nur die Mitglieder des Geopfadteams, Dipl.-Ing. Kurt Degen, Walter Matzeit, Dipl.-Geologe Paul Delfs und Manfred Mehlhop genannt. Ihnen gilt unser besonderer Dank. Ohne die großzügige und engagierte Arbeit von Herrn Prof. Meyer, der die fachliche Leitung innehatte, die Fachtexte der Tafeln und diesen geologischen Führer verfaßte, wäre eine Verwirklichung des Geopfadprojektes auf diesem Niveau nie möglich gewesen. Professor Meyer legt uns hier einen geologischen Führer vor, der in der dem Autor eigenen Vielseitigkeit den Vulkanpark Brohltal/Laacher See kenntnisreich erlebbar macht. Dem Nutzer dieses Büchleins wünschen wir bei der Lektüre und dem Erwandern dieser faszinierenden Landschaft viel Freude.

Hermann Höfer,
Bürgermeister der Verbandsgemeinde Brohltal

Einleitung

In den letzten Jahrzehnten ist das Interesse an der Geologie auch in weiten Bevölkerungskreisen stark gewachsen. Das zeigt sich sowohl an der Zunahme privater Mineralien-, Gesteins- und Fossiliensammlungen als auch darin, daß es heute für Mineralien und Fossilien regelrechte Börsen gibt und jede mittelgroße Stadt mindestens ein Geschäft aufweist, das sich auf den Handel mit diesen Dingen spezialisiert hat. Neben den Sammelaktivitäten ist aber auch das Interesse an geologischen Vorgängen und Objekten stark gewachsen. Deshalb gibt es in zunehmendem Maße bei uns allgemeinverständliche Literatur zu erdwissenschaftlichen Fragen und sogar mehrere Zeitschriften, die sich mit solchen Themen an die Öffentlichkeit wenden. Die neueste Entwicklung verlegt die Lektüre geologischer Lehrtexte in die Natur, also unmittelbar vor die Objekte und leitet zu Wanderungen an, bei denen Verständnis für das Entstehen der Landschaft durch geologische Kräfte geweckt werden soll. Dementsprechend sind in den letzten Jahren in der Eifel zahlreiche geologische Lehrpfade eröffnet worden, und es wird an ihrer Ergänzung und Ausdehnung ständig mit großem Eifer gearbeitet. Bisher liegt ihr Schwerpunkt in der Vulkanzone der Westeifel (Daun, Gerolstein, Hillesheim, Manderscheid) und in der Nordeifel (Blankenheim, Nettersheim, Rescheid).

So wird es von Vielen mit dankbarer Freude begrüßt werden, daß die Verbandsgemeinde Brohltal unter ihrem Bürgermeister Hermann Höfer die Schönheiten dieser besonders durch den Vulkanismus geprägten Landschaft ihren Gästen durch einen ausgedehnten geologischen Lehrpfad nahebringen will. Der Lehrpfad stellt auf 4 Rundwegen, die jeweils bequem in einem halben bis ganzen Tag zu Fuß zu bewältigen sind, etwa 70 Punkte vor, an denen geologische Vorgänge oder Objekte erläutert werden. Für eine Tagestour mit dem Auto (bei Gruppen auch mit dem Omnibus) werden einige markante Punkte aus diesem Programm und einige Stellen, die für die Fußwanderungen zu weit auseinanderliegen, präsentiert. Bei der Auswahl der einzelnen Punkte und der Zusammenstellung zu Wanderrouten, konnten wir uns der ortskundigen Hilfe der Herren Dipl.-Ing. Kurt Degen, Burgbrohl, Dipl.- Geol. Paul Delfs, Kell, Walter Matzeit, Niederzissen und Manfred Mehlhop, VG Brohltal erfreuen. Wir wollen hier auch dankbar das Landesmedienzentrum Rheinland-Pfalz, Koblenz-Ehrenbreitstein für die großzügige Ausstattung mit Bildmaterial erwähnen. Dem Landesvermessungsamt Rheinland-Pfalz, Koblenz, sei für die Genehmigung zum Abdruck von Karten gedankt. Dr. Lothar Viereck, Gelsenkirchen hat dankenswerterweise einige wertvolle Kommentare zum Kapitel Oberes Brohltal beigesteuert.

Diese Schrift soll die Tafelerläuterungen des Geopfades ergänzen und durch Beschreibungen der zwischen ihnen liegenden Wegestücke verbinden. Dem stärker an geologischen Dingen Interessierten nennt ein Verzeichnis weiterführende Literatur und die Quellen, aus denen der Text geschöpft hat. Ein Glossar am Schluß erklärt einige immer wieder auftretende Fachausdrücke; im Übrigen wurde versucht, solche Fachausdrücke möglichst gleich dort zu erläutern, wo sie verwendet wurden. Die Texte der Tafelerklärungen wurden hier zum größten Teil übernommen, da das Buch hauptsächlich im Gelände abschnittsweise benutzt werden wird und weniger im Stück gelesen werden dürfte. Deshalb treten einige Informationen innerhalb des Buches mehrfach auf.

Die den Routenbeschreibungen beigefügten Karten haben alle unterschiedliche Maßstäbe, da sie jeweils der Größe des Buches angepaßt wurden. Die in der Tasche am Schluß des Bandes beigegebene Karte des gesamten Gebietes hat den Maßstab 1 : 25.000.

Wir möchten die Anlagen des Lehrpfades Ihrem Schutz unterstellen. Bitte beschreiben Sie die Tafeln nicht und hindern Sie möglichst auch andere Besucher daran. Wenn Sie das Bedürfnis haben, ein Andenken an Ihren Besuch im Brohltal zu hinterlassen, schreiben Sie uns ein paar Zeilen (Verbandsgemeinde Brohltal, Kapellenstr. 12, 56651 Niederzissen); wir werden diese Zuschriften sorgfältig in einem Album aufheben. An uns wenden Sie sich bitte auch, wenn Sie Mängel bemerken oder Verbesserungsvorschläge haben (Tel. 02636-9740410, FAX 02636-80146).

Bonn, Februar 1994

Prof. Dr. Wilhelm Meyer
Geologisches Institut der
Universität Bonn

Quartär		Holozän (Jetztzeit)	
	0,010		
	0,011		Laacher See: Bims u. Ascheströme
		Pleistozän (Eiszeitalter)	
	0,8		Der Aufstieg der Rheinischen Masse verstärkt sich; dabei beginnt lebhafter Vulkanismus
2			
Tertiär	20		der Rhein entsteht; Braunkohle
			in Seen lagert sich Ton und Sand ab
	30		Vulkanismus
			erneut Abtragung
			Aufstieg der Rheinischen Masse
60			
Mesozoikum		**Kreide**	**die**
		Jura	**Rheinische**
		Trias	**Insel**
230			
Paläozoikum		**Perm**	Abtragung und Einebnung des Faltengebirges
	300	**Karbon** (Steinkohlenzeit)	die variscische Faltung
	380	**Devon**	das Unterdevon-Meer
		Silur	
		Ordoviz	
		Kambrium	
600			
		Präkambrium	

Abb. 1 Zeittafel; die Zahlen geben das Alter in Millionen Jahren an.

Erdgeschichte des Brohltals

In der Osteifel gibt es zwei Brohltäler: ein Brohlbach mündet bei Karden in die Mosel, ein anderer bei Brohl in den Rhein. Beide liegen im Rheinischen Schiefergebirge. Das am Rhein endende Brohltal, mit dem wir uns hier beschäftigen, ist aber geologisch besonders interessant, da es durch eine der jüngsten Vulkanlandschaften Mitteleuropas führt. Wir können hier also zwei Stockwerke unterscheiden, den Sockel mit den alten Schiefergebirgsgesteinen und darüber Sedimente und Vulkane aus der Tertiär- und Quartärzeit. Die Landschaft ist außerdem geprägt durch tief eingeschnittene Täler, die der Talschlucht des Rheins zufließen.

Das **Schiefergebirgsstockwerk** wird hier von Gesteinen aufgebaut, die während der Unterdevon-Zeit, vor etwa 350 Millionen Jahren in einem breiten Flachmeer abgelagert wurden. Es wurde im Norden begrenzt von einer ausgedehnten Landmasse, von der Sand- und Tonschlamm in das Meer geschwemmt wurde. Der Meeresboden sank ständig ab, wurde aber durch die eingeschwemmten Sedimente immer wieder aufgefüllt, so daß nur geringe Wassertiefen vorhanden waren. Auf diese Weise wurde ein sehr mächtiger Sedimentstapel aufgeschichtet. Weiter südlich, im heutigen Moselgebiet, schloß sich ein etwas tieferes Meeresbecken an.

Die unterdevonischen Gesteine in unserem Raum werden als Siegen-Schichten bezeichnet; sie wurden zuerst im Siegerland, wo sie das Nebengestein der Eisenspatgänge bildeten, untersucht. In der Umgebung des Laacher Sees und im Brohltal sind die Siegen-Schichten etwa 5000 m mächtig. Sie bestehen aus einer monotonen Wechselfolge von Sandsteinen, Siltsteinen und Tonschiefern. Das sind alles Gesteine, die aus kleinen Gesteins- und Mineralbruchstücken zusammengesetzt sind, und wir unterscheiden sie nur nach deren Korngröße: sie ist bei Sandsteinen größer als 0,6 mm, bei Siltsteinen liegt sie zwischen 0,6 und 0,002 mm, bei Tonschiefern unter 0,002 mm. Je höher der Tonanteil ist, desto dunkler sind die Gesteine. In dem Flachmeer wechselten vollmarine Bedingungen (mit salzigem Wasser) mit brackischen (mit teilweise ausgesüßtem Wasser) ab. Das läßt sich aus den Resten der Lebewesen, die wir in den Gesteinen finden, deutlich ablesen. Dieser Wechsel zwischen vollmarinen und schwachmarinen bis brackischen Bedingungen gibt uns die Möglichkeit, den mächtigen Schichtenstapel zu gliedern:

Die Unteren Siegen-Schichten sind im küstennahen Bereich abgelagert worden. Im flachen Wasser lebten tangähnlich Pflanzen. Zeitweilig gab das Meer weite Schlickflächen frei; auf Ihnen siedelten Pflanzen mit binsenartigen Stengeln. Diese Pflanzen sind die ältesten Gefäßpflanzen; sie haben mit den Binsen und Tangen der heutigen Pflanzenwelt nur in der äußeren Form gewisse Ähnlichkeit, sind aber sonst ganz anders organisierte Sporenpflanzen. Die Pflanzenfunde in den Siegen-Schichten des Rheinlandes

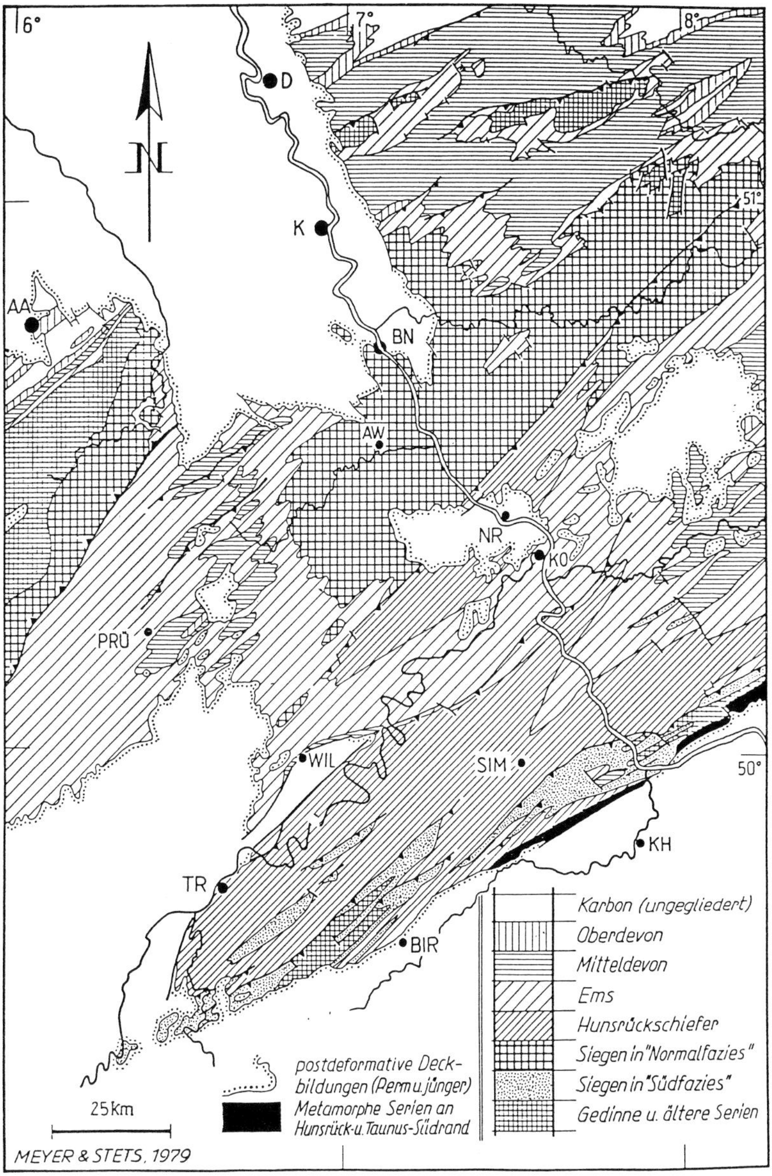

Abb. 2 Geolog. Übersichtskarte des zentralen Rhein. Schiefergebirges. Meyer & Stets 1980
Ortsnamen: AA Aachen, AW Ahrweiler, BIR Birkenfeld, BN Bonn, D Düsseldorf, K Köln, KH Kreuznach, KO Koblenz, NR Neuwied, SIM Simmern, PRÜ Prüm, TR Trier, WIL Wittlich.

finden immer wieder Interesse bei den Wissenschaftlern, weil sie aus dem Zeitraum der Erdgeschichte stammen, in dem sich die Pflanzenwelt anschickte, die Meeresräume zu verlassen und die Festländer zu besiedeln.

Abb. 3 Acrospirifer primaevus
eine Brachiopodenart, die nur in den Siegen-Schichten vorkommt

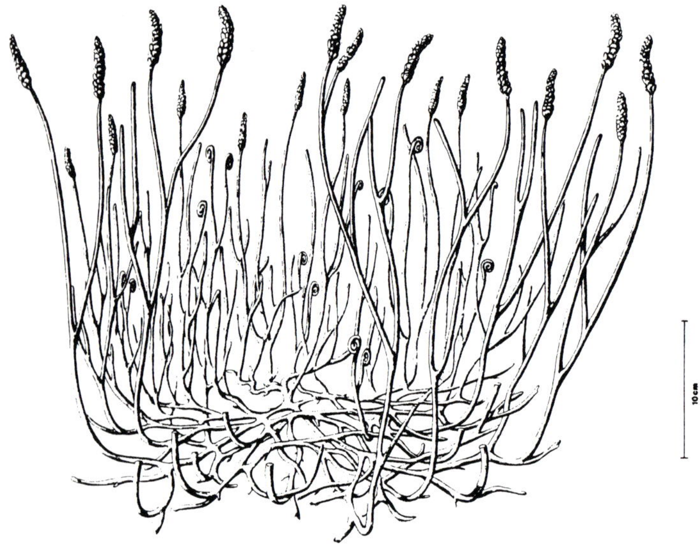

Abb. 4 Die Küstenbereiche des Unterdevon-Meeres besiedelten Rasen von Sporenpflanzen, wie hier Zosterophyllum rhenanum, nach H.-J. Schweitzer

Im Brohltal kann man an einigen Stellen Pflanzenreste in den Unteren Siegen-Schichten finden, und zwar treten sie in Lagen schwarzer Tonschiefer auf. Von tierischen Fossilien kommen nur gelegentlich Panzerfische und dünnschalige Muscheln und andere Zweiklapper (Brachiopoden) vor; vollmarine Fossilien wie Korallen, Seelilien, Trilobiten fehlen diesen Ablagerungen.

Danach wurde das Wasser etwas tiefer, so daß die Mittleren Siegen-Schichten vollmarine Ablagerungen darstellen. Nach einem ersten Meereseinbruch kommt es noch einmal zur Verlandung, und es findet sich im unteren Teil der Mittleren Siegen-Schichten noch einmal eine Partie mit pflanzenführenden Schwarzschiefern ähnlich wie in den Unteren Siegen-Schichten.

Aber davon abgesehen werden die Mittleren Siegen-Schichten von Sandsteinen, sandigen Bänderschiefern (sie bestehen aus millimeter- bis zentimeterdicken Wechsellagen von Siltstein und Sandstein) und Siltsteinen aufgebaut. Es finden sich marine Fossilien, also Stielglieder von Seelilien (Crinoiden), dickschalige Muscheln und Armkiemer (Brachiopoden), Trilobiten (große asselähnliche Gliederfüßler) und selten sogar Korallen. Obere Siegen-Schichten treten im Gebiet der Verbandsgemeinde Brohltal nicht zutage.

Die Verteilung der verschiedenen Unterdevon-Gesteine wird durch den Faltenbau bestimmt. Denn während der Oberkarbon-Zeit, vor etwa 300 Millionen Jahren, wurde der Ablagerungsraum zu einem Faltengebirge zusammengeschoben, das dadurch eine ähnliche Struktur bekam wie Wellblech. Die nach oben gewölbten Biegungen nennt man Sättel, die nach unten gebogenen Mulden. Die Falten sind im Gebirge aber nicht so gleichmäßg verteilt wie im Wellblech, auch nicht gleichgroß und nur selten symmetrisch. Außerdem hat die Einengung hier nicht nur Falten, sondern engständige Scherflächen (wir nennen sie Schieferungsflächen) und große Überschiebungsbahnen, an denen einzelne Gesteinsschollen übereinandergeschoben wurden, erzeugt. Das Rheintal hat zwischen Bingen und Bonn einen langen Querschnitt freigelegt durch dieses Faltengebierge, das nach einem alten Volksstamm im Vogtland, den Variskern, das Variskische Faltengebirge genannt wird. Es ergeben sich für die Umgebung des Brohltales folgende Strukturen: Zwischen Bad Breisig und Brohl quert eine große Sattelstruktur das Rheintal, der Osteifeler Hauptsattel. Er läßt sich aus dem westlichen Siegerland bis in das Gebiet von Adenau verfolgen.

Am Rhein setzt er sich aus zwei großen Sätteln zusammen, dem Sattel von Hönningen-Seifen (nach der Stadt gegenüber Bad Breisig und einem Ort im Holzbachtal westlich Altenkirchen im Westerwald) und dem kürzeren Sattel von Brohl südlich davon. Die Falten und Überschiebungen streichen Nordost-Südwest. Die Sättel haben steile Nordwestflügel, an denen die Schichten sogar überkippt liegen können und flache Südostflügel; wir sagen, sie sind nordwest-vergent (lat. vergere = sich neigen). Der

Sattel von Brohl bildet hier eine Ausnahme, er ist nicht vergent, denn seine beiden Flanken sind gleich steil.

Im Osteifeler Hauptsattel treten im Rheintal, Brohltal und Vinxttal Untere Siegen-Schichten an die Oberfläche. An seinen Flanken legen sich Mittlere Siegen-Schichten darauf. Sie treten auf seiner Südostflanke südlich der Linie Fornich (südlich Brohl) - Burgbrohl - Niederzissen - Hain - Spessart zutage, auf seiner Nordwestflanke nördlich der Linie Niederbreisig - Waldorf - Oberdürenbach.

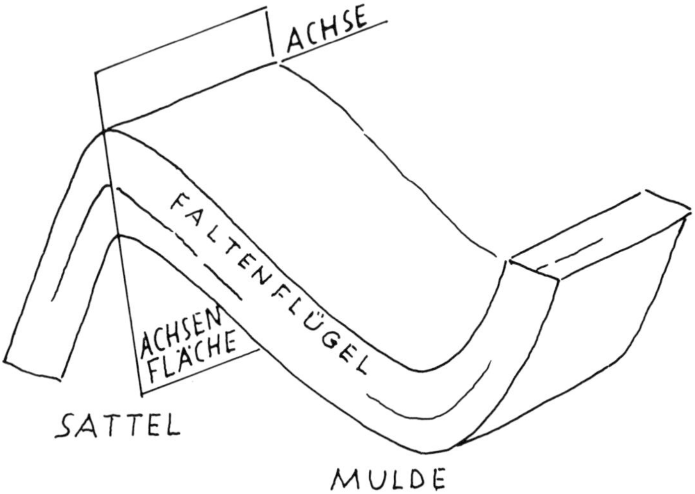

Abb. 5 Die Elemente einer Falte

Während der Faltung wurden in der Tiefe heiße wässrige Lösungen mobilisiert, die u. a. Metalle gelöst transportierten. Sie stiegen im Faltengebirge auf, wo aus ihnen bei Abkühlung in Spalten der Mineralinhalt auskristallisierte. So entstanden die Erzgänge unseres Gebietes, aus denen bis ins vorige Jahrhundert sulfidische Erze wie Bleiglanz (PbS, häufig mit hohem Silbergehalt), Zinkblende (ZnS) und Kupferkies ($CuFeS_2$) sowie das Eisenkarbonat Eisenspat abgebaut wurden. Neben diesen Erzmineralien wurde in den Gangspalten hauptsächlich Quarz ausgeschieden, der also auf den Halden oder bei Pingen (Pinge ist eine trichterförmige Vertiefung an der Erdoberfläche, die vom Zusammenbruch alter Grubenbaue oder durch Abbau von Gestein entsteht) des alten Bergbaus das häufigste Gangmineral ist. Im Rheintalhang nördlich Brohl, westlich von Kell (Grube Barthold) und westlich Wehr (Eisenkaul) hat Bergbau auf solchen Gängen stattgefunden.

Nach der Faltung stieg das Variskische Faltengebirge relativ rasch auf, wurde abgetragen und schließlich eingeebnet. Das zentrale und östliche Rheinische Schiefergebirge war während der Perm-Zeit, also während eines Zeitraums von mehr als 200 Millionen Jahren, eine Landmasse, die sogenannte Rheinische Insel, die über den Meeresspiegel ragte, als während der Trias-, Jura- und Kreide-Zeit große Teile Mitteleuropas vom Meer bedeckt waren. Es gibt aus dieser Zeit also keine Gesteine in unserem Raum. Unter den damals herrschenden warmen und feuchten Klimabedingungen wurden die devonischen Gesteine an der Oberfläche tiefgründig zersetzt und teilweise durch Oxidation gebleicht. Unter tertiärzeitlichen Sedimenten ist diese alte Verwitterungsrinde auch im Brohltalgebiet stellenweise noch von der späteren Abtragung verschont geblieben, was an weißen oder weißgrauen Gesteinen sofort erkennbar wird. Die Rheinische Insel hat zu dieser Zeit aber den Meeresspiegel nur wenig überragt, vielleicht vergleichbar der heutigen norddeutschen Tiefebene.

Das änderte sich vor etwa 50 Millionen Jahren, zu Beginn der Tertiär-Zeit: Das Gebiet des Rheinischen Schiefergebirges und die Ardennen begannen langsam aufzusteigen und innerhalb der Erdgeschichte eine neue Rolle zu übernehmen, nämlich die der **Rheinischen Masse**. In der aufsteigenden Rheinischen Masse sank das große Bruchdreieck der Niederrheinischen Bucht ein. Mitten im Schiefergebirge brach das Neuwieder Becken an Verwerfungen ein. In dem aufsteigenden Gebirgskörper entwickelte sich nun ein Flußnetz, das die Verwitterungsrinde des Schiefergebirges abspülte und in die eben erwähnten Senkungsräume transportierte. Zwischen dem Neuwieder Becken und der Niederrheinischen Bucht bildete sich eine flache breite Rinne aus, in der auch tertiäre Sedimente zur Ablagerung kamen. Zuerst wurden die Quarzstücke von den Hochgebieten abgespült; Quarzschotter sind meist die ältesten Tertiärgesteine im Neuwieder Becken und dem nördlichen anschließenden Ablagerungsraum, zu dem auch das Gebiet des Laacher Sees und des Brohltals gehört. Es wurde dann die tonige Verwitterungsrinde abgetragen, und es kamen in ausgedehnten Seen, die das Neuwieder Becken und Teile der Osteifel sowie des Westerwaldes bedeckten, reine Tone zur Ablagerung. Ihre Reste finden sich an mehreren Stellen in der Umgebung des Laacher Sees und in abbauwürdigen Mengen besonders südlich des Herchenbergs, wo sie zur Entwicklung einer keramischen Industrie führten. An einigen Stellen kam es über wasserundurchlässigem Untergrund zur Moorbildung und üppigem Pflanzenwachstum, woraus kleine Braunkohlenlager entstanden. Schließlich wurde der Ablagerungsraum mit Feinsanden überdeckt, die z.T. aus den verwitterten devonischen Sandsteinen stammen. In diese Sande sind kieselsäurehaltige Lösungen an vielen Stellen eingedrungen und haben sie zu Quarziten verkieselt. Bei der Fortsetzung der Hebung im Laufe der Tertiär- und Quartärzeit wurden die unverfestigten Sande leicht abgespült, aber die Quarzitpartien blieben in großen Blöcken und Bänken liegen. Als begehrtes hochfeuerfestes Material wurden sie vielerorts abgebaut, so auch im mittleren Brohltal. In der Umgebung der Propstei Buchholz finden sich besonders viele solcher Tertiärquarzit-Brocken. Die Tertiärsedimente unseres Gebietes bildeteten sich während der Oligozän- und Miozän-Zeit, in einem Abschnitt der Erdgeschichte, der 15-30 Millionen Jahre zurückliegt.

Während der tertiärzeitlichen Aufstiegsphase der Rheinischen Masse fand starker Vulkanismus statt, der in drei Regionen besonders lebhaft war: in der Hocheifel mit Schwerpunkt zwischen Adenau und Kelberg, dann im Siebengebirge und seiner Umgebung und schließlich im zentralen und südlichen Westerwald. Das Brohltalgebiet liegt zwischen diesen Vulkanzentren, deshalb gibt es hier nur drei Basaltkuppen aus dieser Zeit, den Steinberg bei Oberdürenbach, den Steinbergskopf bei Niederlützingen und den Kahlenberg bei Burgbrohl.

Während der mittleren Miozänzeit, vor etwa 15 Millionen Jahren überquerte der Rhein in einem breiten und flachen Bett erstmals das Schiefergebirge, das bis in die Quartärzeit hinein immer noch eine nur wenig durch Täler gegliederte Ebene war. Das änderte sich relativ plötzlich vor etwa 700 000 Jahren, also während des Eiszeitalters. Die Hebung der Rheinischen Masse nahm jetzt mit einem Mal stark zu. Dadurch wurde der Rhein gezwungen, sich in den aufsteigenden Block tief einzuschneiden. Es entstanden die steilen Talwände des heutigen Mittelrheintales, und sein altes flaches Bett blieb etwa 150 m über dem heutigen Flußbett als kilometerweite Verebnung bestehen, die wir als Hauptterrasse bezeichnen. Die Nebenflüsse, so auch der Brohlbach, waren gezwungen, auch tiefe Talschluchten einzuschneiden. Damit entstand die heutige Mittelgebirgslandschaft. Dabei wechselten Zeitabschnitte, in denen die Flüsse sich tief einschnitten mit solchen, in denen sie mehr aufschotterten und flache Talböden ausbildeten. Diese Talböden - wir nennen sie Flußterrassen - wurden oft beim weiteren Eintiefen des Tales abgetragen, und von ihnen blieben dann nur an den Talhängen schmale Leisten erhalten. Zwischen den schon erwähnten Hauptterrassen und den heutigen Talböden, den Niederterrassen, gibt es schmale; manchmal nur balkonartige Terrassenreste, die wir als Mittelterrassen bezeichnen. Auf ihnen liegen die meisten der berühmten Burgen im Rheintal.

Diese starke Aufstiegsbewegung, die auch heute noch anhält, ist ebenfalls mit **Vulkanismus** verbunden, der gerade in der Osteifel die Landschaft nachhaltig prägte. Das vulkanische Geschehen begann mit der Förderung von basaltischen Aschen und Laven im Raum Kempenich - oberes Brohltal; hier scheint mit 470 000 Jahren die Hannebacher Ley der älteste Vulkan zu sein. Es entwickelte sich bald ein großes Magmenreservoir von phonolithischer Zusammensetzung (also kieselsäure-reicher und leichter als Basalt) im Raum Rieden - Weibern. Aus mehreren Schloten wurden große Mengen phonolithischer Tuffe ausgeworfen, die im Raum Rieden - Bell - Weibern eine mächtige Decke aufbauten. Diese Förderung erstreckte sich über Zeiträume von fast 200 000 Jahren. Zwischendurch brach über dem entleerten Herd bei Rieden die Erdkruste zu einem großen Kessel ein, in dem zeitweilig ein See bestand, der aber von abgeschwemmten Tuffen und nachfolgenden Tuffausbrüchen aufgefüllt wurde. Die Vulkanologen nennen solche Einbruchskessel Calderen (spanisch Caldera - Kessel). Im Bereich des Riedener Kessels und im Gebiet zwischen Kempenich und dem Brohltal drangen außerdem Kuppeln von phonolithischen Laven auf, von denen die größten der Engelner Kopf, der Schellkopf und die Kuppe mit der Burgruine Olbrück sind.

In der Folgezeit, z.T. auch schon während der Phonolithphase, bildeten sich bis an den Rhein hin basaltische Lapilli- und Schlackenkegel, aus denen vielfach kilometerlange Lavaströme flossen. In unserem Gebiet gehören dazu u.a. Leilenkopf, Kunkskopf und der Lummerfeldvulkan, Veitskopf, Herchenberg, Bausenberg sowie Meirother Kopf und Tiefenstein.

Inzwischen hatte sich im Raum Wehr ein weiterer Herd mit nicht-basaltischen, leichteren Schmelzen entwickelt, der aufstieg und aus dem phonolithische und trachytische Bimsmassen ausgeschleudert wurden. Auch hier brach eine Caldera über dem teilweise entleerten Herd ein; es ist der ovale, in Nord-Süd-Richtung gestreckte Wehrer Kessel. Die Tätigkeit der Wehrer Bimsvulkane liegt 100 000 - 200 000 Jahre zurück. Schwächere Bimseruptionen fandem am Kahlenberg (nördlich Burgbrohl) und von einem Schlot in der Flur „Im Dümpel“ (südwestlich des Herchenbergs) statt.

Schließlich bildete sich gegen Ende der letzten Eiszeit noch einmal ein phonolithischer Herd, in dem relativ hoch in der Erdkruste der Gasdruck sehr stark anstieg. Nach schwächeren Anfangseruptionen im Gebiet von Mendig öffnete sich im Nordteil des späteren Laacher Sees ein Schlot, aus dem in sehr kurzer Zeit große Bimsmassen ausgeschleudert wurden, die das Neuwieder Becken und anschließende Bereiche der Osteifel und des Westerwaldes mit einer mehrere Meter hohen Bimsdecke überschütteten. Es wurden auch Wolken aus feinen Aschen ausgestoßen, die sich nach Süden und Norden durch Täler abwärts bewegten und sich in einem Nebental des Nettetals und im Brohltal zu mächtigen Tuffmassen anhäuften. Diese Aschentuffe nennt man im Rheinland „Traß“. Das Brohltal wurde durch diesen Traß an vielen Stellen bis zu 60 m Höhe ausgegossen; der Aschestrom floß hier bis ins Rheintal. Das wertvolle Material wurde als Werkstein und als Rohstoff für die Zementherstellung inzwischen bis auf Reste abgebaut. Durch die rasche Entleerung des Herdes - wir nehmen an, daß die Eruption des Bims und der Aschen nicht länger als zwei Tage gedauert hat - brach die Kruste in einer 2 mal 3 km weiten Caldera ein, damit war der Laacher Kessel entstanden. Die Eruption, bei der ein heißer Gasstrom mehrere Zehntausend Meter hoch aufstieg, löste heftige Gewitter aus. So kam es, daß große Mengen von Wasser in den noch offenen Schlot gelaufen sind. Sie kamen hier mit dem noch heißen Gestein in Kontakt, wodurch heftige Wasserdampfexplosionen ausgelöst wurden. Sie sprengten Material aus den Schlotwänden heraus und schleuderten es in raschen Stößen radial nach außen. So entstand in der engeren Umgebung des Laacher Kessels eine Decke der sogenannten Grauen Laacher Pyroklastika, die hauptsächlich aus Fragmenten des devonischen Untergrundes bestehen und deshalb nicht zur Baustoff-Fabrikation geeignet sind. Die

Hauptmasse des Laacher Bims, der sog. Weiße Bims, bildet dagegen einen wertvollen Rohstoff, aus dem die weit geschätzten Leichtbausteine hergestellt werden.

Da feine Aschen der Laacher Eruptionen von Luftströmungen über große Teile Mitteleuropas verbreitet wurden und hier als millimeter- bis zentimeterdicke Lagen in Hochmoorablagerungen zu finden sind, ließ sich das Alter der Eruption mit Hilfe der Pollenanalyse relativ genau bestimmen. Kohlenstoff wandelt sich nach dem Absterben von Pflanzen radioaktiv in eine andere „Modifikation" (ein anderes Isotop) um. Die Menge der Umwandlungsprodukte kann im Laboratorium bestimmt werden, sie gibt uns einen Hinweis auf die Zeit, die seit dem Absterben der Pflanzen vergangen ist. Nach Untersuchungen an im Traß eingeschlossenen Pflanzenresten ließ sich das Alter der Laacher Bimskatastrophe auf etwa 11.000 Jahre v. Chr. bestimmen Die Pflanzenreste, die an der Basis des Brohltaltrass gefunden werden, erlauben uns sogar, die Jahreszeit für dieses Ereignis anzugeben: z. B. waren die Seggen gerade verblüht, ihre Früchte aber noch nicht ausgereift, und die Traubenkirschen hatten noch unreife Früchte. Wir müssen in dieser Periode der abklingenden Eiszeit die klimatischen Verhältnisse mit denen vergleichen, die heute in Lappland herrschen. Danach muß die Eruption in der zweiten Julihälfte stattgefunden haben.

In den vulkanischen Herden unter der Eifel gibt das erkaltende Magma u.a. noch Kohlendioxid-Gas ab, das auf Klüften nach oben steigt und gelöst wird, wenn es ins Grundwasser gelangt. So finden sich in Tälern im Laacher Vulkangebiet viele solcher Kohlendioxid-haltiger Quellen, die wir als Säuerlinge oder Sauerbrunnen bezeichnen. Die größten von ihnen werden als weitberühmte Mineralquellen genutzt. An einigen Stellen tritt das Kohlendioxid-Gas in sogenannten Mofetten direkt aus. Am Ostufer des Laacher Sees perlt solches Gas aus dem Wasser.

Gleichzeitig mit der Tätigkeit der jungen Vulkane der Osteifel fand auch in der Westeifel in einem Streifen zwischen Bad Bertrich im Südosten und Ormont im Nordwesten lebhafter Vulkanismus statt, der im wesentlichen nur basaltisches Material gefördert hat und durch die Bildung von etwa 60 Maarvulkanen ein besonderes Gepräge erhalten hat. Das Ulmener Maar ist sogar noch etwas jünger als der Laacher-See-Vulkan, da seine Aschen den Laacher Bims überdecken.

Die Pausen, die innerhalb des eine halbe Million Jahre währenden vulkanischen Geschehens zwischen den einzelnen Vulkanausbrüchen lagen, waren oft wohl größer als die 13 000 Jahre, die seit der Laacher Bimseruption oder der Entstehung des Ulmener Maars vergangen sind. Deshalb ist es möglich, daß der Vulkanismus der Eifel noch nicht abgeschlossen ist und wir uns nur in einer ruhigen Zwischenphase befinden. Jedoch gibt es keine Anzeichen dafür, daß bald mit einem neuen Vulkanausbruch zu rechnen ist.

Der Mensch muß im Rheinland Zeuge des großen Bimsausbruchs gewesen sein, wenn sich auch nur wenige menschliche Reste unmittelbar unter den Bimsschichten fanden. Aber die größten kürzlich im Neuwieder Becken ausgegrabenen Siedlungsplätze sind schon einige Hundert Jahre vor der großen Bimskatastrophe verlassen worden, vielleicht wegen ungünstiger Klimabedingungen.

Neben den vulkanischen Ereignissen, die Berge auftürmten und Täler verschütteten, gingen auch sanftere, aber dafür länger andauernde **landschaftformende Prozesse** hier im Gebiet vor sich: Während der Kaltzeiten gab es nur sehr spärliche Vegetation, obgleich das Rheinland nicht wie einige andere Mittelgebirge eine Eiskappe trug. Aus den kahlen Flächen, besonders aus den ausgedehnten Schotterfluren der Täler, blies der Wind die staubfeinen Bestandteile aus. Sie lagerten sich im Windschatten an Talhängen als Löß ab, z.T. auch auf den Hochflächen, wo sie durch das Steppengras festgehalten wurden. So finden wir Löß an den Hängen des Brohltales und seiner Nebentäler und auf einigen Hochflächen, wie z.B. in der Umgebung der Propstei Buchholz. Während der Kaltzeiten des Eiszeitalters war der Boden über lange Perioden dauernd bis in Tiefen von einigen Zehnern Metern gefroren. Wenn er vorübergehend oder am Ende der Kälteperiode oben auftaute, bewegte sich schon bei flachen Hangneigungen der Steinsschutt in einem feuchtigkeitsgesättigten Brei abwärts. Dieses eiszeitliche Bodenfließen hat viele der Talhänge überformt und am Hangfuß mächtige Fließerdemassen angehäuft. Das z.Z. schönste sichtbare Beispiel eiszeitlichen Bodenfließens in Westdeutschland findet sich in der Verbandsgemeinde Brohltal am Dachsbusch zwischen Wehr und Glees. Das Hangfließen ist auch heute noch nicht zur Ruhe gekommen, das zeigt der Säbelwuchs vieler Bäume an den Talhängen.

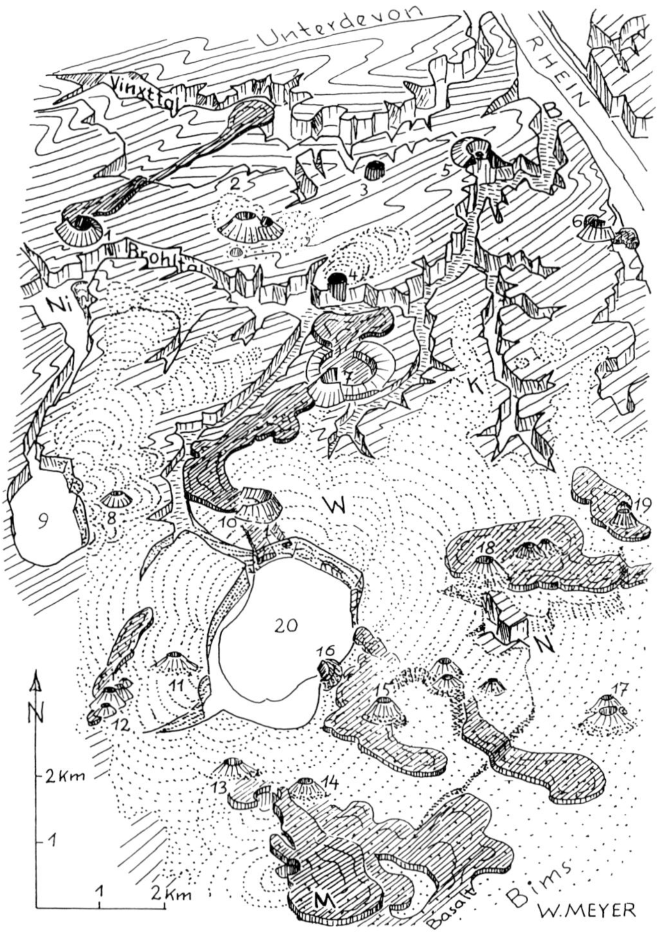

Abb. 6 Laacher Vulkangebiet: 1 Bausenberg, 2 Herchenberg mit Dümpelmaar, 3 Steinbergskopf, 4 Kahlenberg, 5 Leilenkopf, 6 Hohe Buche, 7 Kunkskopf und Lummerfeld, 8 Dachsbuch, 9 Wehrer Kessel, 10 Veitskopf, 11 Laacher Kopf, 12 Rothenberg, 13 Thelenberg, 14 Wingertsberg, 15 Krufter Ofen, 16 Alte Burg, 17 Nickenicher Weinberg, 18 Nickenicher Hummerich, 19 Nastberg, 20 Laacher See. B Brohl, K Kell, M Mendig, N Nickenich, Ni Niederzissen, W Wassenach.

Route H (Auto-Exkursion)

Unter dem Buchstaben H (für Höhepunkte, Highlights) werden einige Punkte zusammengestellt, die so weit auseinanderliegen, daß ein Pkw oder ein Omnibus benutzt werden muß, um sie aufzusuchen. Z.T. enthält diese Tour auch Punkte, die in den 4 Fußwanderungen besucht werden.

H 1 Straßenanschnitt im Brohltal, unmittelbar südlich der Straßenabzweigung nach Niederlützingen: Auflagerung von Traß auf Unterdevongesteinen.

Hier treten Siltsteine, Bänderschiefer und Feinsandsteine der etwa 390 Millionen Jahre alten Unteren Siegen-Schichten zutage. In den Schiefern sind Sproßstücke der ältesten Gefäßpflanzen (Psilophyten) zu finden. Die Schichten fallen relativ steil nach Südosten (= links) ein. Im rechten Teil der Wand finden sich auch einige kleine Quarzgänge (weiß), die bei der Faltung in großen Tiefen aus heißen Lösungen ausgeschieden wurden. Links werden die unterdevonischen Gesteine durch einen aus dem vor etwa 13 000 Jahren tätigen Laacher-See-Vulkan stammenden Aschestrom (Traß) überlagert. Er hat an seiner Basis eine hochsommerliche Vegetation eingeschlossen. Man kann also an dieser Wand Pflanzen finden, zwischen deren Lebenszeit 390 Millionen Jahre erdgeschichtlicher Entwicklung liegen. Der Traß wird durch Regen herabgeschwemmt.

Von hier nach Niederlützingen hinauffahren, oben rechts durch Niederlützingen in Richtung Brohl fahren; hinter dem Ortsausgang der Markierung folgen und parken.

H 2 Ausblick auf die Terrassenlandschaft des Rheins

Der Rhein hatte zuerst ein kilometerbreites flaches Bett, bis er wegen der vor etwa 700 000 Jahren plötzlich einsetzenden starken Hebung des Schiefergebirges gezwungen war, eine tiefe Talschlucht einzuschneiden. Seine Nebenflüsse, so auch der Brohlbach, mußten es ihm gleichtun. Die flachen weiten Talböden aus der Zeit kurz vor dem Entstehen des tiefen Engtales blieben als sogenannte Hauptterrassenflächen erhalten. Es gibt mehrere Hauptterrassen-Niveaus, wobei die älteren eine höhere Lage haben als die jüngeren. Vor uns eine Hauptterrassen-Verebnung in 220-230 m Höhe. Ein weiterer Rest dieses alten Talbodens ist südlich des Brohltals zu sehen. Auf der anderen Rheinseite sieht man oberhalb von dem weißen Ehrenmal einen etwa 20 m tiefer gelegenen Hauptterrassenrest.

Wieder hinunter ins Brohltal und hier talaufwärts in Richtung Burgbrohl. Beim Gasthaus Jägerheim mit dem hohen Bahnviadukt Traßaufschlüsse **(H 3)**, die bei der Route U beschrieben werden (U 1). Weiterfahrt in Richtung Burgbrohl; vor dem Ortsbeginn recht hohe Felswände **(H 4):**

Sandsteine und Bänderschiefer der Mittleren Siegen-Schichten fallen nach Südosten ein. Links oben Reste der Traßfüllung des Brohltales. Weiterfahrt durch Burgbrohl; nach 2 km rechts die Straße nach Lützingen hinauf. Oben links in Richtung auf den Herchenberg, an dessen Ostseite Punkt **H 5** liegt (bitte den angebotenen Parkplatz benutzen):

Abb. 7 Herchenberg 1931, vorn Niederoberweiler

Der **Herchenberg** ist ein basaltischer Schlackenvulkan, der nicht in einem Akt entstand, sondern durch mehrere Ausbrüche, die durch Pausen voneinander getrennt waren. Die Förderung erfolgte von zwei Schloten aus; einer lag im Osten nahe dieser Stelle, ein zweiter lag etwa 300 m weiter westlich. In diesem westlichen Schlot ist Lava so hoch aufgestiegen, daß radial zum Schlot drei Lavagänge in den Schlackenbau eingedrungen sind. Die etwa 5 m breiten Basaltgänge stehen senkrecht; z.Z. ist der Ost-West streichende Gang als Mauer im Mittelteil des Bruches von hier aus sichtbar. Hier an der Ostflanke des Vulkankomplexes sieht man, daß in die dunklen basaltischen Lapillischichten weißliche Bimslagen eingeschaltet sind. Sie haben phonolithische Zusammensetzung und entstammen einem unmittelbar südwestlich des Herchenbergs gelegenen Maarvulkan (Dümpelmaar).

Von hier aus hat man einen sehr schönen Rundblick ins westliche und zentrale Laacher Vulkangebiet. Nach der Ostseite vom Fahrweg aus ein weiter Blick über den unter uns liegenden Hauptterrassen-Trog des Rheintales.

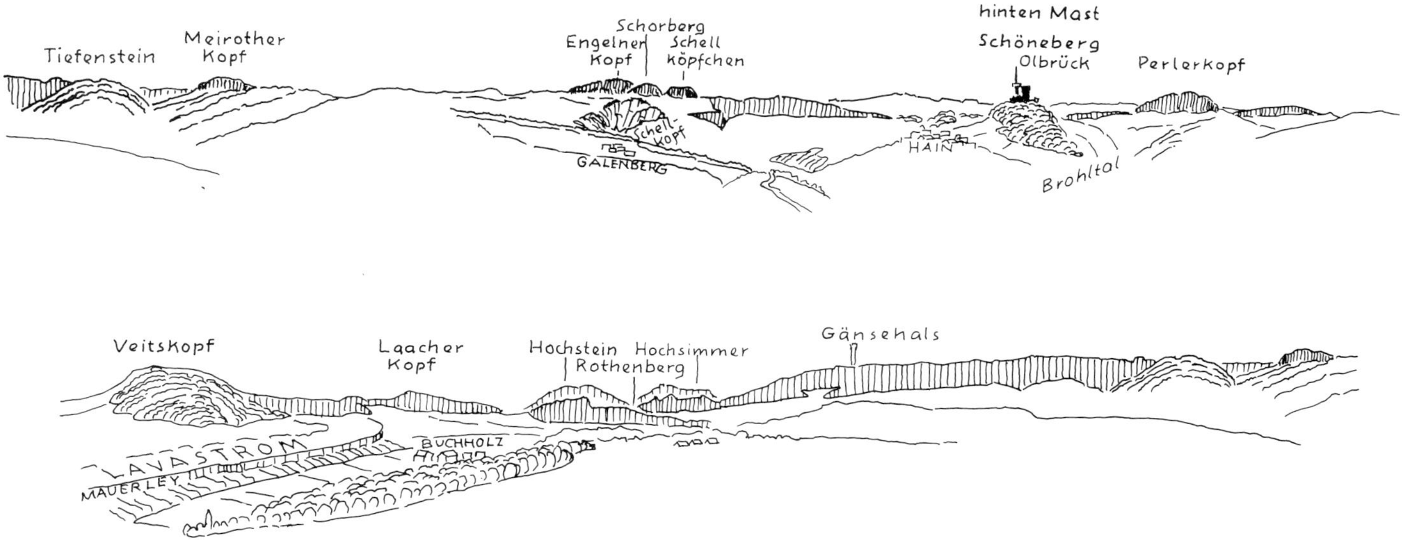

Abb. 8 Rundblick vom Herchenberg nach Westen u. Süden

Das gegenüberliegende Ufer zeigt die mit mehreren Basaltkuppen besetzten Westerwaldhöhen an, die links bis zum Siebengebirge sichtbar sind. Diese Westerwald-Basalte und das Siebengebirge sind mit 25-30 Millionen Jahren wesentlich älter als der Herchenberg-Vulkan, der „nur" einige Hunderttausend Jahre alt ist.

Wieder zurück ins Brohltal und hier über 2 km talaufwärts. Dann dem Schild zur Autobahnauffahrt folgen. Hinter den Autobahnauffahrten rechts Mitfahrerparkplatz; hier liegt Punkt **H 6**. Die Autobahn durchschneidet hier einen Basaltlavastrom, der vor etwa 150 000 Jahren aus dem **Bausenberg**-Krater ausgeflossen ist und über 3,5 km Länge ein kleines Tal ausgefüllt hat. Die Stirn des Lavastroms liegt bei Gönnersdorf im Vinxtbachtal.

Abb. 9 Bausenberg (Luftaufnahme von Westen)

Seine Basis fällt von beiden Seiten zur Mitte des Tälchens ein. Beim Bau der Autobahn konnte man unter der Lava noch Bachschotter finden. Die Lava, die petrographisch als Nephelin-Leuzit-Basanit zu bezeichnen ist, war gasreich und enthält deshalb viele Hohlräume.

Abb. 10 Basaltsteinbruch Steinberg mit dem Königssee

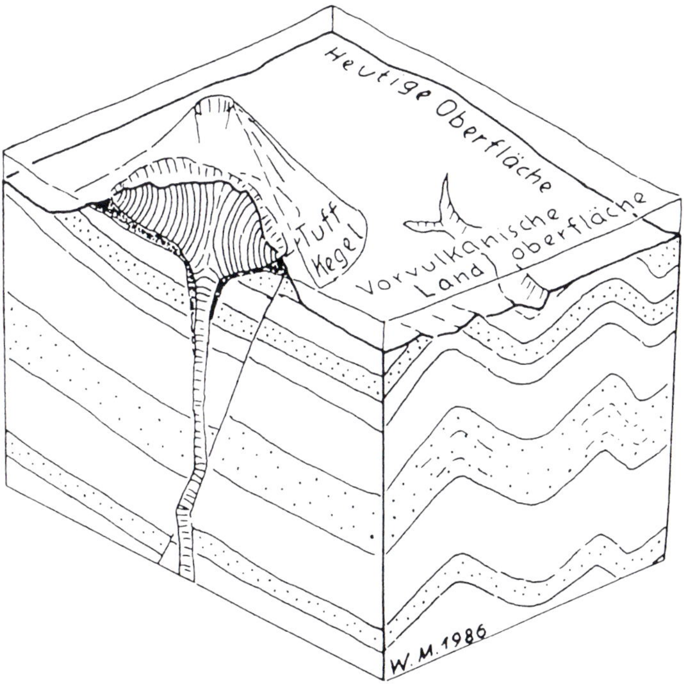

Abb. 11 Rekonstruktion eines Vulkans vom Typ Steinberg vor dem Abbau

Man überquert die Straße Waldorf-Niederzissen; auf halber Höhe zweigt nach rechts die Kraterstraße ab. Sie führt zu alten Schlackengruben, die etwa im Basisbereich des Schlackenvulkans liegen und schließlich weiter in den Krater hinein. Hier ist im Norden die Öffnung sichtbar, aus der der Lavastrom ausgeflossen ist. Als besterhaltener Krater der Eifel steht der Bausenberg unter Naturschutz. Auch biologische Aspekte sind für den Naturschutz wichtig: in Trockenrasen und Gebüschen an der Süd- und Südostseite des Berges finden sich Refugien für wärmeliebende Insektenarten, von denen einige hier ihre nördlichsten Standorte im Rheintal haben.

Weiterfahrt über Niederzissen nach Oberzissen; hier nach Hain abzweigen, wo man sich am Fuß des Phonolithdoms Olbrück befindet (**H 7**, Beschreibung bei **M 6**), bei Park-Geo-Schild bitte parken und der Markierung folgen.

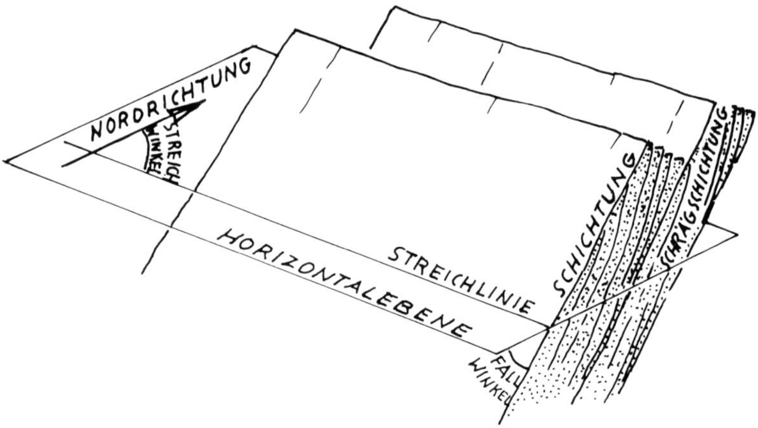

Abb. 12 Streichen und Einfallen von schräggeschichteten Gesteinen

Zurück nach Oberzissen, weiter im Brohltal aufwärts; hinter Niederdürenbach rechts der Straße nach Oberdürenbach folgen. Am Ortsausgang von Oberdürenbach geht nach rechts die Straße zum tertiären Basaltvulkan Steinberg mit dem Königssee (**H 8**). Beschreibung bei M 7.

Weiterfahrt von Oberdürenbach (zweiter größerer Waldweg rechts) Punkt **H 9** in einem alten Steinbruch auf der Flur „Äls Nück“:

Hier sind in Sandsteinen der Unteren Siegen-Schichten (Unterdevon) zwei Steinbrüche angelegt worden. Wir sind hier am Rande des Laacher Vulkangebietes von abbaubaren Lavavorkommen relativ weit entfernt. Die Unterdevon-Sandsteine wurden gern in der ganzen Osteifel als Bruchsteine gewonnen; die alten Schulhäuser in den Dörfern bestehen aus ihnen, an vielen kleinen Mauern sind sie auch zu sehen. Die Schichten streichen etwa Ost-West und fallen mit 55° nach Süden ein, sie bilden die Südflanke einer großen Sattelstruktur, die als Osteifeler Hauptsattel bezeichnet wird und sich von nördlich Adenau über Cassel und Gönnersdorf bis an den Rhein südlich von Bad Breisig verfolgen läßt. Sie setzt sich auch noch in den Westerwald hinein fort.

Was bedeutet „Streichen und Einfallen"? Die Schnittlinie einer Schicht mit der Horizontalebene ist die Streichlinie; der Winkel der Streichlinie mit der Nordrichtung ist der Streichwinkel (oder, wie man kurz sagt, „Das Streichen"). Senkrecht zur Streichlinie verläuft die Fall-Linie; der Winkel zwischen ihr und der Horizontalen ist der Fallwinkel („Das Einfallen") der Schicht. Die Sandsteinbänke des Steinbruches zeigen z.T. innen Flächen, die schräg zu den Begrenzungsflächen der Bänke liegen. Solche Schrägschichtung entsteht, wenn der Sand von einem stark fließenden Medium, sei es Wind oder Wasser, transportiert wird. Wir beobachten sie in Dünen. Aber hier ist sie von Strömungen im Meer, wie sie z.B. am Abhang großer Deltas auftreten können, erzeugt worden. Man kann aus ihrer Orientierung die Strömungsrichtung und damit die Transportrichtung im unterdevonischen Meer rekonstruieren. Da die Schrägschichtungsblätter aber nicht eben, sondern schaufelartig gebogen sind, kann ihre Geometrie allein aus einer Anschnittfläche noch nicht bestimmt werden, sondern man muß ihre Lage in mehreren Ebenen einmessen.

Weiterfahrt auf der Straße nach Westen.
Ca. 350 m westlich von Punkt **H 9** links neben dem Straßenparkplatz: Hier hat man einen sehr schönen Ausblick auf das Laacher Vulkangebiet. Im Vordergrund links der bewaldete Perlerkopf, mit 579,1 m der höchste Vulkanberg des Laacher Gebietes. Er besteht aus einem Leuzitit, einem Gestein, das man im Gelände als Basalt ansprechen würde. Unmittelbar südlich von ihm liegt der Basaltvulkan Hannebacher Ley, dessen porenreiche Lava in Hannebach vielfach verbaut wurde. Er wird von hier aus durch den Perlerkopf größtenteils verdeckt. Sehr schön ist der Phonolithdom mit der Burgruine Olbrück zu sehen. In der Ferne wird hinter Olbrück und Perlerkopf der Ausblick abgeschlossen durch den von Phonolithtuffen bedeckten Gänsehals-Rücken mit einem hohen Turm.

Weiterfahrt bis zur Straße Kempenich - Bad Neuenahr (B 412), hier, am „Amerikaner" genannten Gasthaus nach links Richtung Kempenich. Nach etwa 2 km links nach Hannebach abbiegen. Nach knapp 200 m wieder links abbiegen (südlich der Brohltalstraße liegt hier übrigens die Quelle des Brohlbaches). Nun folge man der Wegemarkierung; da der Weg um mehrere Ecken geht und schwer zu beschreiben ist. Man kommt nach etwa 1 km an die bewaldete Kuppe des Basaltvulkans **Hannebacher Ley (H 10).**

An dieser Kuppe begann die Vulkantätigkeit mit der Förderung von basaltischen Aschen und gröberen Pyroklastika (einem Gemenge von Basaltstücken und Bruchstücken der durchschlagenen devonischen Gesteine). Dann drang Lava auf, die eine über 10 m dicke breite Zunge bildet. Sie wird schon seit langer Zeit abgebaut, da sie viele Blasen enthält und sich deshalb gut behauen läßt. Einige Wegekreuze im oberen Brohltalgebiet bestehen aus diesem Material; an älteren Häusern und Mauern in Hannebach kann man es auch sehen. Es ist sogar im Sockelbereich des Kölner Doms verwendet worden. Die Lava ist in grobe Pfeiler gegliedert; sie ist beim Abkühlen geschrumpft und wurde dabei von Klüften zerrissen. In den Gasblasen und auf Klüften finden sich zahlreiche, erst nach der Erstarrung der Lava, entstandene Minerale, die schön auskristallisiert sind, was man aber erst mit einer guten Lupe oder unter dem Binokular erkennt. Unter ihnen entdeckte man vor einigen Jahren ein sonst auf der ganzen Erde noch nicht gefundenes Mineral, das den Namen Hannebachit bekam. Die Petrographen bezeichnen die Lava als Melilith-Nephelin-Leuzitit. Altersbestimmungen an radioaktiv zerfallenden Elementen und ihren Zerfallsprodukten (Kalium und das Edelgas Argon) ergaben für das Gestein der Hannebacher Ley ein Alter von 470 000 plus minus 50 000 Jahren. Das Brohltal bestand damals noch nicht, sonst wäre die Lava dort hineingeflossen.

Zurück nach Hannebach, auf die B 412 und über Kempenich bis Weibern; hier bei der Kreuzung in der Ortsmitte dem Schild Maria Laach folgen, 1,5 km hinter dieser Kreuzung Punkt **H 11** „Auf der Windkaul“, der bei O1 beschrieben wird. Weiterfahrt in Richtung Rieden-Wehr. Nach ca. 1,5 km Abzweigung nach links Richtung Wehr; nach 500 m: Punkt **H 12 Tiefenstein.**

Die Straße nach Wehr führt zwischen zwei großen Basaltschlackenvulkanen hindurch; der südliche ist der Tiefenstein, der nördliche der Meirother Kopf. Aus dem Meirother Kopf-Vulkan ist nach Norden Lava ausgeflossen. Die Schlacken des Tiefensteins treten hier südlich der Straße zutage. Zwischen den nährstoffreichen Schlacken findet sich eine üppige Vegetation u.a. mit dem Silberblatt (Lunaria rediviva).

Weiterfahrt nach Wehr und von hier in Richtung Glees, unter der Autobahn hindurch; 200 m hinter der Autobahn links einen unbefestigten Fahrweg (an der Kreuzung Wegekreuz) bis zum Dachsbusch (200m), in alter Tuffgrube Parkmöglichkeit. Rechts breiter Weg hinauf auf den Dachsbusch, einen durch Abbau ausgehöhlten Basaltschlackenkegel. Auf halber Höhe Ausblick auf den Wehrer Kessel, im Hintergrund Olbrück und Perlerkopf, **H 13:**

Wenn durch den raschen Ausstoß von Gasen vulkanische Herde entleert werden, bricht das Herddach in großen kreisförmigen oder elliptischen Kesseln ein. Solche vulkanischen Einbruchsbecken nennt man Calderen (spanisch: caldera = Kessel). Der Wehrer Kessel, der in der Nord-Süd-Richtung 1,5 km, in Ost-West-Richtung 0,8 km breit ist, stellt eine solche Caldera dar. Durch Schlote, die am Ostrand des heutigen Kessels liegen, wurde zuerst nach Norden und Osten der rötliche Hüttenberg-Bims ausge-

Abb. 13 Westteil des Laacher Vulkangebietes
1 Teufelsburg, 2 Steinberg, 3 Bausenberg, 4 Perlerkopf, 5 Hannebacher Ley, 6 Olbrück, 7 Steinfeld, 8 Haweybüsch, 9 Schellkopf, 10 Schellköpfchen, 11 Schorberg, 12 Lehrenkopf, 13 Steinrausch, 14 Palagonittuff, 15 Engelner Kopf, 16 Hüttenberg-Tuffschlote, 17 Ausbruchsstellen von Gleeser und Wehrer Bims, 18 Humersberg, 19 Meirother Kopf, 20 Tiefenstein, 21 Phonolithintrusionen Riedener Hardt, 22 Schorenberg, 23 Sulzbusch.

Abb. 14 Silberblatt (Lunaria rediviva)

worfen, der am Hüttenberg und in der Umgebung der Autobahnraststätte Brohltal eine Decke bildet. Danach sind graue Bimsmassen nach Osten ausgestoßen worden (Gleeser Bims). Sie bilden zwischen Wehr, Glees und dem Brohltal eine Decke, sind aber auch noch am Rhein und an der Ahr in Terrassenschotter eingeschaltet zu finden. Dadurch ließ sich ihr Alter bestimmen: sie dürften vor etwa 150 000 Jahren gefördert worden sein. Am Ostrand des Wehrer Kessels und nahe dem Ausfluß des Wirrbaches aus dem Kessel finden sich Kohlensäurequellen, die z.T. industriell genutzt werden. Am Nordostrand des Kessels ist früher Eisenerz abgebaut und verhüttet worden, daher der Name des Hüttenbergs.

Weiter hinauf zum Gipfel bis zum rötlichen Anschnitt. Er ist die Ursache dafür, daß der ganze Berg unter Naturschutz gestellt wurde. Bitte nicht an der Tuffwand kratzen oder graben.

H 13a Gleitfalte am Dachsbusch

Die Anhöhe Dachsbusch wird von einem alkalibasaltischen Schlackenvulkan gebildet. Der regelmäßig geformte Kegel besteht aus Bomben und Schlacken, die beim Flug in der Luft z.T. zu großen Tropfen oder bizarren Fladen geformt wurden. Sie sind beim Aufschlagen teilweise zu kleinen Lavabänken zusammengeschweißt worden. Der tiefe Anschnitt des Steinbruchs zeigt, daß die Förderung nicht gleichmäßig von einer Stelle aus erfolgte, denn der schichtige Aufbau weist starke Diskordanzen auf. Wahrscheinlich hat sich die Öffnung während der Fördertätigkeit verlagert, weil die Zufuhrkanäle durch Lava verstopft waren. Der Schlackenkegel wird von rötlichen basaltischen Aschen bedeckt, die ebenfalls dem Dachsbusch-Vulkan entstammen. An der Westseite des Berges ist durch einen künstlichen Einschnitt in diese Aschen eine riesige Gleitfalte erschlossen worden, die nicht nur ein vulkanologisches, sondern auch ein klimageschichtliches Denkmal von großer Bedeutung darstellt. Die Entstehung dieser Gleitfalte kann man sich folgendermaßen vorstellen: Das Rheinische Schiefergebirge ist während der verschiedenen Eiszeiten nicht vergletschert gewesen. Während dieser Kaltzeiten herrschte aber hier über längere Zeiträume hinweg Dauerfrost, der viele Meter tief hinabreichte. So war auch der Abhang des Dachsbusch mit seiner Aschendecke ständig mehrere Meter tief gefroren. Nur zeitweilig taute der Boden in den obersten 1-2 m auf, und das wassergetränkte Material begann langsam hangabwärts zu rutschen. Auftauen und Wiedergefrieren dürften oft abgewechselt haben, vielleicht im Jahreszeiten-Rhythmus, vielleicht kurzfristig unter Sonneneinstrahlung (die Stelle liegt ja am Westhang des Berges). Die Umbiegungszone der Falte (ihre Achsenfläche) zeichnet also eine Isotherme nach (Isotherme ist eine Verbindungslinie zwischen Orten mit gleicher Temperatur), unterhalb derer der Boden über längere Zeit hinweg ständig gefroren war. Danach wurde der Berg von Löß überweht, der als dünnes gelbes Band im Anschnitt sichtbar ist. Auch hier kam es während des immer noch kalten Klimas zu Hangfließen; große Basaltstücke vom Gipfel des Vulkans flossen in dem Lößbrei hangabwärts, sie sind links im Anschnitt sichtbar. Diese Vorgänge liegen etwa 150 000 Jahre zurück; sie ereigneten sich wahrscheinlich in der vorletzten Eiszeit.

Schließlich erfolgten am Ostrand des Wehrer Kessels, also wenige hundert Meter westlich von hier, Bimstuff-Ausbrüche, die den ganzen Dachsbuschvulkan überschütteten. Durch diese als „Gleeser Bims“ bezeichneten Ablagerungen wurde die Gleitfalte und der sie überlagernde Löß vor der Abtragung geschützt.

Wer sich für die Altersabfolge der Wehrer Phonolith-Tephra (Tephra= vulkanisches Auswurfmaterial) interessiert, mag die alte Sandgrube am Westhang der Höhe 371 nordwestlich des Dachsbusch aufsuchen. Man folgt dem Fahrweg unten (er läßt sich mit dem Auto nicht gut befahren) nach Norden, hält sich an der nächsten Weggabel halblinks und kommt nach gut 400 m an den Eingang einer rechts gelegenen alten Sandgrube. Hier wird die rötliche Hüttenberg-Tephra überlagert von der grauen Gleeser Tephra, die wir als Deckbildung über der Rutschfalte des Dachsbusch kennengelernt haben.

Bei Glees wird vulkanisches Material zur Herstellung des wertvollen Eifelfangos abgebaut. Man fährt zurück auf die Straße nach Glees und weiter in Richtung Maria Laach. Dort großer (gebührenpflichtiger) Parkplatz. Es empfiehlt sich eine Besichtigung der berühmten Abteikirche. Über ihre Bausteine wird auf S. 81 berichtet. An der Westseite der Klostermauer (am Weg zum Naturkundemuseum, das auch einen Besuch lohnt, wenn Zeit

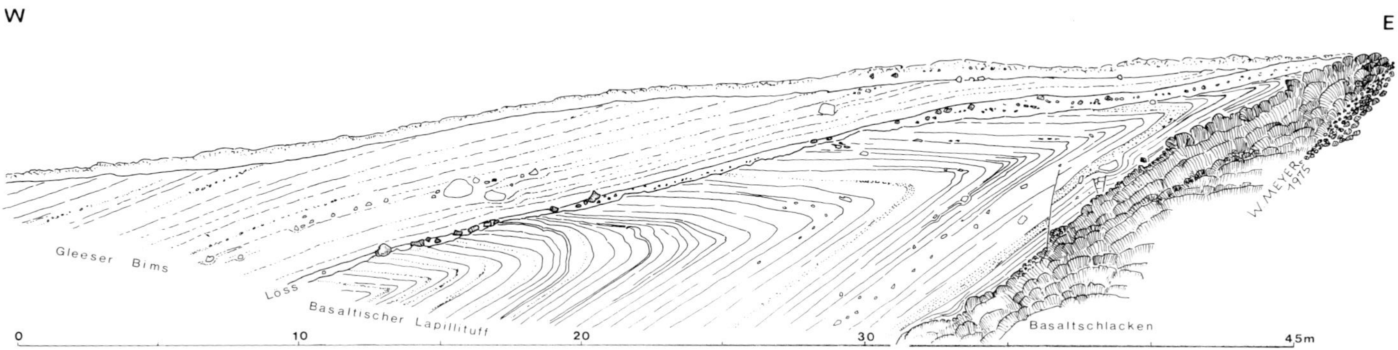

Abb. 15 Rutschfalte am Westhang des Dachsbusch bei Wehr

vorhanden ist) sind die wichtigsten Bausteine der Osteifel ausgestellt (vgl. L 10). Bei der Rückfahrt ins Brohltal kann die Lava des Veitskopfes nördlich der Straßenabzweigung nach Glees besichtigt werden (vgl. L 12). Am Parkplatz beim Gasthaus „Waldfrieden“ parken und wenige Schritte nach Norden zum Lydiaturm gehen, von dem man eine schöne Aussicht über den Laacher See und seine Umgebung hat. Weiterfahrt in Richtung Brohl. Nach knapp 4 km in Bad Tönnisstein rechts Parkplatz; links der Straße das barocke Brunnentempelchen der Kurfürstenquelle (vgl. U 2). Nach wenigen hundert Metern erreicht man dann das Brohltal.

Route U Unteres Brohltal

Dieser Teil des Lehrpfades beginnt am Jägerheim dort, wo der Aschestrom am mächtigsten ist, weil hier zu dem durch das Gleeser Tal gespeisten Aschestrom des Brohltals ein zweiter mächtiger Strom stieß, der durch das Tönissteiner (Wassenacher) Tal hinabgeflossen ist. Der Pfad folgt diesem Tönissteiner Strom aufwärts und zeigt, wie der Bach sich allmählich durch ihn hindurchgesägt hat. Im Oberlauf des Tales liegt das ehemalige Erzbergwerk Barthold. Der zweite Teil der Route führt über die Hochfläche ins Gleeser Tal und schließlich am Südhang des Brohltals hierher zurück und beschäftigt sich hauptsächlich mit Basaltvulkanen und ihren Lavaströmen.

Abb. 16 Abbaustellen im Traß am Jägerheim

U 1 Aschestromablagerungen am Gasthaus „Jägerheim"

Während der Tätigkeit des Laacher-See-Bimsvulkans vor etwa 13 000 Jahren sind aus dem Schlot, der im Nordteil des Laacher Sees lag, neben Bimsmassen auch heiße Aschewolken ausgestoßen worden, die nach außen abflossen und mehrere Täler mit feinkörnigem Tuff ausfüllten. Man nennt dieses Material im Rheinland „Traß". Die Aschewolken sind durch das Gleeser Tal und durch das Tönissteiner Tal auch ins Brohltal geflossen und haben dieses gerade an dieser Stelle hier 60 m hoch ausgekleidet. Der

Maßstab ca. 1 : 16.666
Streckenlänge 10 km
0
250
500
750
1000
2000
Burgbrohl
B412
K69
L113
K57
Dümpel
In der Meiershell
Hs. Herchenberg
Beunerhof
Auf dem Wingertsberg
Jägerheim
Schöne Aussicht
Bad Tönisstein
Tönnismühle
Hs. Karlheim
Im Petersberg
R. Kloster Tönisstein
Auf dem Berg
Greimertal
Buchholz
Klosterruine
Schierbergsmühle
Am Wingertsberg
Degensmühle
Im Kunksboden
Lava
Unter dem Mühlenweg
Am Bergwege
Suhrspfad
Schafkreuz
Im Kiehrtal
H3
H4
H17
H18
U
1
2
3
4
4a
5
6.
7
8
9
10
11
12
13
14
15
16
17

Route U = Unteres Brohltal

Abb. 17 alte Postkarte von 1907. Unteres Brohltal, nördlich der Schweppenburg

Traß besteht aus feinen Glassplittern von phonolithischer Zusammensetzung; darin schwimmen Bimsstücke, die manchmal zu Lagen angereichert sein können. Der Traß läßt sich zur Herstellung von hydraulischem Zement, der also die Fähigkeit hat, unter Wasser abzubinden, verwenden. Schon seit der Römerzeit wurde er abgebaut, nicht nur zur Zementherstellung, sondern auch als Werkstein. So sind heute nur noch wenige Reste von durch Bacheinschwemmungen verunreinigtem Traß erhalten geblieben. Denn der Brohlbach hat sich schon während der Ablagerung der Ascheströme immer wieder durchgefressen und Gerölle von Unterdevon-Gestein und Basalten eingeschaltet. Diese Stelle war, wie zahlreiche Funde bewiesen, Zentrum des römischen Traßabbaus im Brohltal. So wurde hier 1862 ein großartiger Altar, dem Hercules Saxanus (dem römischen Bergbauschutzgott) geweiht, gefunden, der um 102/103 n. Chr. geschaffen wurde. Der 2 m hohe und 2,5 m breite Altar wurde in den weichen Traß geschnitten. Um ihn zu erhalten, wurde er aus dem Traß herausgelöst und ins Rheinische Landesmuseum nach Bonn gebracht, wo er im Foyer bewundert werden kann.

Zwischen U 1 und U 2:

Von hier kann entweder bei guter Kondition über den Kurfürstenweg (am Lönsdenkmal gegenüber dem „Jägerheim" steil hoch) oder über die Straße nach Tönisstein gegangen werden. Bei der Benutzung des Kurfürstenweges findet sich auf der Höhe eine Bank mit reizvollem Blick auf Viadukt und Tunnel der Brohltalbahn. Der Weg entlang der schnell befahrenen Straße ist ca. 10 Minuten kürzer.

Abb. 17 Postkarte von 1907. Unteres Brohltal, beim Jägerheim

U 2 Kurfürstenbrunnen

Das untere und mittlere Brohltal und seine Seitentäler sind so reich an Kohlensäurequellen wie kaum eine andere Gegend in Mitteleuropa. Von den erkaltenden Magmenkörpern in der Tiefe wird noch Kohlendioxid-Gas abgegeben, das aus Spalten und Klüften nach oben steigt. Wenn es in das Grundwasser gelangt, wird es dort gelöst und dringt in Quellen an die Oberfläche. Die meisten Kohlendioxidaustritte liegen in Tälern, weil sich hier eben die Quellen befinden und viele Täler über Verwerfungszonen des Untergrundes liegen, die dem Gas den Weg nach oben ermöglichen. Im Ort Burgbrohl wurden bis in unser Jahrhundert in Kellern immer wieder Kohlendioxid-Ansammlungen festgestellt, die sogar zu Todesfällen führten. Diese trockenen Gasaustritte bezeichnet man mit dem italienischen Wort Mofetten. Die Actiengesellschaft für Kohlensäureindustrie erschloß 1885 eine Quelle in Burgbrohl, aus der noch heute natürliche Kohlensäure mit einem Reinheitsgrad von 99 % gewonnen wird. Ende der 80er Jahre, inzwischen ist der Betreiber die Firma Air Liquide, überstieg die Jahresproduktion von flüssiger Kohlensäure bereits eine Million kg.

In Bad Tönisstein sind zwei Kohlensäurequellen gefaßt worden. Damit eine gleichmäßigere Schüttung erfolgt, werden sie aus tiefen Bohrlöchern gefördert, und zwar die Angelika-Quelle aus 102 m Tiefe (der Name wurde um 1890 gewählt, um sie von den vielen anderen Quellen zu unterscheiden) und der Kurfürsten-Brunnen aus 80 m Tiefe. Um Vorstellungen von der Zusammensetzung der Mineralquellen zu vermitteln, seien die chemischen Analysen beider Quellen, wie sie vom Chemischen Laboratorium Fresenius in Wiesbaden 1960 bestimmt wurden, hier aufgeführt. Angegeben sind Milligramm pro Liter.

Kationen:	Angelika Heilquelle	Kurfürstenbrunnen
Natrium (Na’)	224,00	516,19
Kalium (K’)	32,20	48,30
Ammonium (NH_4)	1,10	—
Magnesium (Mg”)	125,40	207,60
Calcium (Ca”)	112,00	155,40
Mangan (Mn”)	1,28	1,14
Eisen (Fe’”)	7,70	8,03
Anionen:		
Chlorid (C1’)	106,80	247,70
Sulfat (SO_4”)	41,60	66,40
Nitrat (NO_3’)	—	10,90
Hydrogencarbonat (HCO_3’)	1402,00	2460,00
undissoziiert:		
Kieselsäure (meta) (H_2SiO_3)	36,50	41,00
gasförmig:		
freies Kohlendioxid (CO_2)	2233,00	2020,00

Im 18. und 19. Jahrhundert wurde das Tönissteiner Mineralwasser in Tonkrügen verschickt, die man aus dem tertiärzeitlichen Ton vom Nordostufer des Laacher Sees verfertigte (vgl. L 1, Punkt „Bleiche Erde“). Im barocken Brunnentempelchen kann der Heilbrunnen probiert werden. Nun führt die Route hinter der Klinik hoch, Richtung Wassenach.

U 3 Überlagerung von Traß auf Devon

Hier ist die Überlagerung des Aschestroms auf die Sandsteine und Tonschiefer des Unterdevons (Mittlere Siegen-Schichten) zu beobachten. Durch die Faltung, die vor etwa 300 Millionen Jahren stattfand, sind die Unterdevongesteine aufgerichtet worden, so daß sie hier nahezu senkrecht stehen. Die obersten Partien sind hangabwärts (auf uns zu und nach rechts) umgebogen; dieses sogenannte Hakenschlagen zeigt das Hangkriechen vor der Ablagerung des Aschestromes an. Die Asche-Schichten, die hier als Traß bezeichnet werden, liegen etwa waagerecht über den steilen Devon-Schichten. In der Geologie nennt man das diskordante Lagerung (lateinisch: discordia = Zwietracht, Disharmonie). Der Aschestrom entstammt dem Laacher-See-Vulkan und hat sich durch das Tönissteiner Tal hier ins Brohltal ergossen, wo er sich mit einem durch das Gleeser Tal hinabgeflossenen Traßstrom vereinigte. Die untersten Ascheablagerungen, die hier als feine Staublage sichtbar sind, haben sich sanft, wie eine Schneedecke, auf die Erde gelegt, denn an einigen Stellen haben sie relativ zarte Pflanzen in Lebendstellung eingehüllt. Die Masse des Aschestroms ist aber rasch und gewaltsam die Täler hinabgeflossen. Hier sieht man 1-1,5 m über der Basis des Trasses auch eine Lage mit walnußgroßen Bimsstücken, was für die Transportkraft des Stromes spricht.

Der Weg führt talaufwärts und schließlich an den Ruinen des Klosters Tönisstein vorbei. Danach führt er auf einen Damm hinauf, der das Tal überquert. Hier wendet man sich nach rechts. Auf der westlichen Talseite sind nach Südosten einfallende unterdevonische Sandsteine zu sehen (Mittlere Siegen-Schichten). Links hangaufwärts gelangt man zum Punkt U4a.

U 4 Wegesicherungsstein (früher auch Leitstein oder Poller genannt)
Der stets experimentierfreudige Bauunternehmer Wilhelm Bell begann um die Jahrhundertwende die serienmäßige Herstellung von Wegsicherungssteinen aus einer Mischung von Basaltsplitt, Sand, Traß und Kalk in der Dahmsmühle in Burgbrohl. Auf Grund ihrer Härte und der durch eingelegtes Eisen erreichten Widerstandsfähigkeit ersetzten sie schnell die bisher sparsam verwendeten Basaltsäulen. Durch eine am Kopf angebrachte kreisrunde Öffnung konnte durch verbindendes Stahlrohr an besonders gefährdeten Stellen der Straßen ein Geländer hergestellt werden.

U 4a Quarzgang
Während der Faltung der unterdevonischen Schichten, die in einer Tiefe von 3-5 km erfolgte, wurden heiße Lösungen, die Mineralstoffe mit sich führten, freigesetzt. Sie stiegen auf, und ihr Mineralinhalt kristallisierte bei Abkühlung aus. Heiße Flüssigkeiten können viel mehr Stoffe in gelöstem Zustand transportieren als kühle. So entstanden Mineralgänge, wie dieser Quarzgang hier, der eine Spalte in den unterdevonischen Sandsteinen und Tonschiefern ausfüllt. Manche der Mineralgänge können auch Erze enthalten, so in der nahegelegenen ehemaligen Kupfererzgrube Barthold (U8).

Zurück zum Damm und dann weiter talaufwärts. Das Tal wird enger, was zu der romantischen Bezeichnung „Wolfsschlucht" geführt hat. Darüber hinaus gibt es eine Überlieferung, daß hier Menschen Kontakt mit okkulten Mächten gesucht hätten, wie dies auch in der Oper „Freischütz" von Carl Maria von Weber geschieht. Ob unser kleines Tal die Vorlage für diese Opernepisode geliefert hat, ist schwer zu sagen.

U 5 Traß in der Wolfsschlucht
Man kann hier in der Wolfsschlucht auf wenigen hundert Metern Länge im Kleinen mehrere Formen, die beim Einschneiden von Flüssen entstehen, beobachten. In diesem Abschnitt hier hat der Bach den aus dem Laacher-See-Vulkan stammenden Aschestrom bis auf die unterlagernden Unterdevon-Gesteine durchschnitten. Er bildet über kleinen Gesteinsstufen kleine Stromschnellen, die man bei einem größeren Fluß als Katarakte bezeichnen würde (griechisch katarasso = niederstürzen). Berühmte (und natürlich viel größere) Beispiele sind die Katarakte des Nils in Ägypten und im Sudan. Im Aschestrom (Traßstrom) hat auch an dieser Stelle etwas Abbau stattgefunden. Im Traßstrom ist ein mehrfacher Wechsel zwischen feinen

Aschen und groben Bimslagen zu erkennen. Die Ablagerung erfolgte also in mehreren Schüben, die aber wohl in rascher Folge stattfanden, ohne daß sie von längeren Pausen unterbrochen waren.

U 6 Kaskaden

Das Tal setzt sich hier aus mehreren flachen Abschnitten zusammen, in denen der Bach nur wenig Gefälle hat. Bei geringem Gefälle bilden die Flüsse und Bäche viele Windungen aus, die man nach dem Unterlauf des Flusses Mäandros (Menderes) in der westlichen Türkei als Mäander bezeichnet. Das ist hier auf den flachen Strecken auch zu sehen. Diese Niveaus senken sich in mehreren Stufen ab. Den untersten Abschnitt, in dem die Talsohle auf Unterdevongestein liegt, haben wir gerade durchschritten und stehen nun vor der Stufe zur nächsthöheren Etage: Oberhalb dieser Stufe hat sich der Bach ein Bett geschaffen, das im unteren Drittel des Aschestromes liegt. Treppenartig sinkt das Tal ab, der Bach fließt in Kaskaden (italienisch: cascate = Sturz) hinunter. Am Fuß der Kaskade hat er den weichen Aschestrom unterspült, dadurch ist eine tiefe Hohlkehle entstanden. Unter ähnlich gebildeten Hohlkehlen an Felswänden haben in der Vorzeit die Menschen oft Siedlungsplätze angelegt. Man nennt solche Nischen dann Abris (französisch: abri = Obdach). Ein unter Archäologen bekanntes Beispiel aus der Eifel ist der mittelsteinzeitliche Siedlungsplatz unter dem Abri „Völkerhöhle“ bei Biesdorf (Kreis Bitburg-Prüm).

Westlich der zweiten Brücke unterhalb des Wasserfalls fällt in halber Höhe im Traß ein großer weißer Einschluß auf, der vom Traßstrom mitgeschleppt wurde: er besteht aus Kieselgur und wird von den mikroskopisch kleinen Gehäusen von Kieselalgen (Diatomeen) zusammengesetzt; es sind Seeablagerungen. Das bedeutet, daß während einer der Zwischeneiszeiten im Gebiet des heutigen Laacher Sees, aus dem ja der Traß kommt, schon einmal ein See bestanden haben muß.

U 7 Wasserfall

Der von Wassenach herabkommende Tönissteiner Bach hat, wie wir in der Wolfsschlucht (U5) gesehen haben, in seinem Unterlauf auch den Aschestrom, der vor 13 000 Jahren dieses Tal vollkommen aufgefüllt hat, ganz durchschnitten und bekam so Anschluß an den Brohlbach, dem es wegen seines Wasserreichtums schon früher gelungen war, sich tief in den Aschestrom einzuschneiden. Der kleine Tönissteiner Bach hat damit mehr Mühe, und er hat in seinem Lauf drei Stufen geschaffen, zwischen denen relativ flache Abschnitte liegen. Vor der obersten Stufe stehen wir hier; der Bach überwältigt sie mit einem Wasserfall. Die Wasserfall-Stufe wird im Laufe der Zeit immer weiter zurückverlegt werden, wie es auch bei vielen größeren Wasserfällen beobachtet werden kann. Berühmtestes Beispiel für einen solchen rückschreitenden Wasserfall ist der Niagara-Fall in Nordamerika. Oberhalb der Wasserfall-Stufe fließt der Bach in einem breiten flachen Bett fast auf der Oberfläche des Aschestroms. Auf dem Aschestrom liegen Bachschotter in 2-3 m Mächtigkeit. Beim Aufstieg zur Straße sieht man nördlich der Treppe, wie diese Bachablagerungen in Taschen in den Traß hinuntergreifen. Der Weg führt nun auf der anderen Seite der Straße weiter.

U 8 Grube Barthold

Hier bestand ein Bergwerk, das einen bis 1,5 m breiten Erzgang abbaute. Es fand sich aber nicht viel Erz, so daß das Bergwerk wenig ertragreich war und während des vorigen Jahrhunderts alle paar Jahre den Besitzer wechselte. Letzte Bergbauversuche fanden 1917 statt, als wegen des Krieges Rohstoffknappheit bestand, aber auch sie wurden als erfolglos eingestellt.

Wie sind die Erzgänge, die es im Rheinischen Schiefergebirge noch an vielen anderen Stellen gibt, entstanden? Während der Faltung vor etwa 300 Millionen Jahren stiegen in der Tiefe bei der Faltung geöffneter Spalten heiße Lösungen auf, die reich an Metallverbindungen waren. Dort, wo sie beim Aufstieg in kühlere Bereiche kamen, kristallisierten aus ihnen Erzmineralien aus. Die so gefüllten Spalten nennt man Erzgänge oder Mineralgänge. Bei den Erzgängen im Rheinland sind die Metalle meist in Form von Sulfiden gebunden; so sind Bleiglanz (PbS), Zinkblende (ZnS) und Kupferkies ($CuFeS_2$) hier die wichtigsten Erze neben Eisenspat ($FeCO_3$, also ein Karbonat). Neben den Erzen haben in den Gangspalten sich auch andere Minerale ausgeschieden, hauptsächlich Quarz, daneben auch Kalkspat. Diese erzbegleitenden Minerale bezeichnet der Bergmann als „Gangart", sie sind „taub". Diese tauben Mineralien, also meistens der weiße Quarz („Milchquarz"), machen die Hauptmasse der Gangfüllung aus, die Erze sind darin nur in Adern oder kleinen Gängchen (die der Bergmann „Trümer" nennt) enthalten. So sind alte Erzabbaue immer an den herumliegenden weißen Quarzstücken, die als wertlos (darum „taub") ausgesondert wurden, zu erkennen. Hier wurde hauptsächlich Kupferkies abgebaut. Der Abbau fand nicht sehr tief unter der Erdoberfläche statt, also noch im Bereich des hereinsickernden Oberflächenwassers. Dabei verwittert der Kupferkies zu dem grünen bis türkisfarbenen Malachit, den man noch auf den Halden finden kann oder zu dem blauen Kupferlasur und dem rostfarbenen Brauneisen (ein Eisenhydroxid). In den verlassenen Stollen haben Fledermäuse ihre Schlafplätze und Winterquartiere.

Gut einen halben Kilometer talaufwärts liegt eine Mineralquelle:

U 9 Römerbrunnen

Das in einigen Kilometern Tiefe erkaltende Magma gibt im letzten Stadium seiner Erstarrung Kohlendioxid-Gas ab. Das steigt an Verwerfungen und Spalten auf und kommt nahe der Oberfläche ins Grundwasser. Hier wird es gelöst und so zur „Kohlensäure". Beim Austritt der Quelle entweicht das Kohlendioxid-Gas wieder, das gibt den prickelnden Geschmack des Mineralwassers. Mit dem Kohlendioxid können die Wässer auch Eisenverbindungen in gelöster Form transportieren. Wenn die Kohlensäure entweicht, fällt auch das Eisen als Hydroxid aus, was in der Umgebung der Sauerbrunnen immer an den rostroten Farben im Boden zu erkennen ist. Man spricht von Sauerbrunnen oder Säuerling dann, wenn in 1 kg Wasser mehr als 1 g Kohlendioxid gelöst sind.

Vom Römerbrunnen geht der Weg an einer Autoreparaturwerkstatt vorbei auf die andere Seite der Teerstraße am Eifellavalabor entlang. Rechterhand wird der Abbau im „Kunkskopf" sichtbar. Der nächste Punkt liegt am Aussichtspunkt einer Waldspitze, von wo aus ein guter Überblick über den Gesamtabbau möglich ist.

U 10 Kunkskopf

Vor uns liegt der Rest eines großen basaltischen Schlackenkegels, der aus mehreren Zufuhrkanälen aufgebaut wurde. Die Schlacken, die ein beliebter Rohstoff vor allem für den Unterbau von Straßen darstellen, sind fast ganz abgebaut worden. Sie bestanden z.T. aus kubikmetergroßen Basaltbomben, was anzeigt, daß im Schlot die Lava sehr hoch gestiegen war, so daß flüssige Lavatropfen ausgeworfen wurden, deren Haut während des Fluges erstrarrte oder die nach dem Niederfallen miteinander verschweißten. Schließlich drang Lava über den Schloten sogar in den Schlackenbau ein; während des Abbaus kamen auch Lavagänge zum Vorschein. Ein solcher Lavapfropf liegt vor uns; das harte und zähe Material wird jetzt auch abgebaut.

Abb. 18 Luftbild der Kunksköpfe von 1971

Die Schlacken des Kunkskopf-Vulkans, die petrographisch als Basanite zu bezeichnen sind, überdecken im Westen den Lavastrom des Veitskopfs, sind also jünger als dieser. Östlich des Kunkskopfes ist ein weiter flacher Ringwall zu erkennen, der eine kreisförmige Senke, den Kunksboden, umschließt. Dieser Ringwall, der bis an das Tönissteiner Tal heranreicht, wird auch das Lummerfeld genannt. Es ist ein aus basaltischen verschweißten Schlacken aufgebauter Vulkan, dessen Ring im Norden von einem Lavastrom durchbrochen wurde, der gegen Burgbrohl zu geflossen ist und am Südhang des Brohltals sichtbar ist. Seine Basis liegt hoch über der Talsohle; das Brohltal hatte damals also noch nicht seine heutige Tiefe erreicht. Das Lummerfeld-Gestein ist petrographisch als Phlogopit-Leuzit-Basanit zu bezeichnen (Phlogopit ist ein Glimmermineral, Leuzit ein Mineral aus der Gruppe der sogenannten Feldspatvertreter, welche die gleichen Bestandteile haben wie die Feldspäte, nur weniger Kieselsäure als diese).

Bei der Fortsetzung des Weges über die Hochfläche ist links (im Süden) der Veitskopf gut zu sehen. Es ist ein nach Westen geöffneter Basaltschlackenwall; nach Westen ist ein langer Lavastrom geflossen, der ein Vorläufertal des Gleeser Tales ausgefüllt hat. Es ist der bewaldete Streifen, der vor uns liegt. Der nächste Haltepunkt befindet sich an diesem Lavastrom, die sogenannte „Mauerley“.

U 11 Mauerley

Von dem imposanten basaltischen Schlackenkegel des Veitskopfes unmittelbar nordwestlich des Laacher Sees gehen drei Lavaströme aus. Zwei kleinere sind unter dem Schlackenbau nach Süden ausgeflossen, ohne ihn zu zerstören. Der größte Strom ist aber nach Westen geflossen; er hat dort den Schlackenwall weggeschwemmt, so daß von dem Vulkanbau nur eine nach Westen offene Hufeisenform übrigblieb. Der Lavastrom ist in eine sehr flache weite Senke geflossen und von ihr nach Nordosten abgelenkt worden. So ergoß er sich über 2 km Länge in Richtung Brohltal. Diese flache Talung war ein Vorläufer des Gleeser Tales; sie lag höher als das heutige Tal, da auch das Brohltal noch nicht so tief eingeschnitten war. Der Bach mußte sich neben der harten Lava ein neues Bett graben, das an dieser Stelle inzwischen mehr als 40 m unter der Basis des Lavastroms, damit unter der alten Talsohle liegt. Der Veitskopf und seine Lavaströme müssen also relativ alt sein; es wird geschätzt, daß der Vulkan vor mehr als 200 000 Jahren tätig war. Die Lava zog sich bei der Abkühlung zusammen; so entstanden Schrumpfrisse, die den Strom in senkrechte Säulen gliedern. Parallel zur Stromoberfläche - also etwa wagerecht - rissen weitere Klüfte auf, so daß die Flanke stellenweise wie Mauerwerk gegliedert wird, was zu dem Namern „Mauerley“ geführt hat. Während der Eiszeiten, als keine Vegetation existierte, sind - vielleicht über gefrorenem Boden, der zeitweise oben auftaute - Lavablöcke hangabwärts gerutscht. Petrographisch ist die Lava als Nephelin-Leuzit-Basanit zu bezeichnen. Nephelin und Leuzit sind Minerale, welche die gleichen Bestandteile haben wie Feldspäte, aber weniger Kieselsäure als diese; sie werden deshalb als Feldspatvertreter bezeichnet. Da die Lava gasreich war, enthält sie viele Blasen. Sie läßt sich deshalb gut behauen und ist schon seit der Römerzeit als Werkstein, hauptsächlich als Rohmaterial für Mühlsteine benutzt worden.

Der Weg führt nun oberhalb des Gleeser Tales auf Burgbrohl zu.

U 12 Burgberg in Burgbrohl

Der Rücken, auf dem die Burg und die alte Kirche stehen, wird im Sockel von Unterdevon-Schichten aufgebaut. Jedoch liegt darauf im Bereich der Burg grobsäulige Basaltlava, deren Basis etwa 25 m über der Talsohle zu vermuten ist. Südlich der Burg sind in der Straße „Wassenacher Hohl“ Basalttuffe mit bis zu metergroßen Bomben aus Basaltlava gefunden worden. Es handelt sich also um einen selbständigen Vulkan, dessen Ausbruchsstelle im Bereich der Tuffe gelegen hat und der einen kurzen Lavastrom talabwärts hat fließen lassen. Nach der Höhenlage im Vergleich zur heutigen Talsohle ist der Burgvulkan etwa gleichalt mit der Lava, die aus der kleinen Schlackenkuppe oberhalb der Nonnsmühle stammt (vgl. U 17). Die aus dem Lummerfeld-Vulkan ins Brohltal geflossene Lava liegt mindestens 10 m höher, muß also noch älter sein.

Der nächste Punkt liegt nördlich der alten Kirche nahe dem Brohlbach: Vom Hotel „Zur Krone“ folgen wir der Brohltalstraße, biegen vor einem Drogeriemarkt in die Mühlengasse und gehen jetzt neben dem Brohlbach entlang.

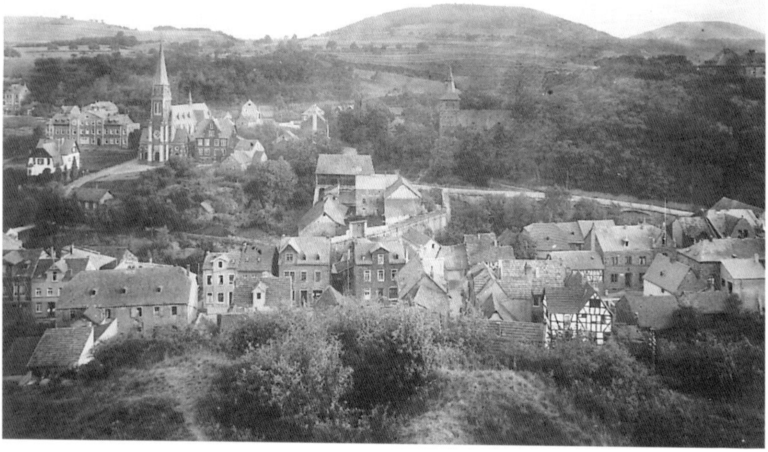

Abb. 19 Burgbrohl 1929 von Norden; unterhalb der Kirche der bebuschte Kalksinterfelsen, über der alten Kirche der Kunkskopf, rechts im Hintergrund der Veitskopf

U 13 Queckebur

Der mit Efeu überwachsene Felsen hier besteht aus Kalksinter, der auf folgende Weise entstanden sein muß: Hier lag früher die Mündung des Gleeser Baches in den Brohlbach, dessen Sohle tiefer lag, so daß der Gleeser Bach sich wohl in Kaskaden hinunterstürzte. Zwischen Glees und Burgbrohl gibt es mehrere Sauerbrunnen, so daß der Gleeser Bach reich an

Kohlensäure (H_2CO_3) ist. Kohlensäurehaltiges Wasser hat die Fähigkeit, mehr Kalk zu lösen und zu transportieren als normales Wasser. Die Talhänge und besonders die Hochflächen um Propstei Buchholz sind mit einer Decke von kalkhaltigem Löß bedeckt, von der viel in den Bach hineingeschwemmt wurde, wobei der Kalk gelöst werden konnte. Beim Überfließen der Kaskaden an der Mündung wurde das Wasser durchlüftet, und der Bach verlor sein Kohlendioxid und damit die Fähigkeit, gelösten Kalk zu transportiern, der Kalk fiel als Kalkkruste aus. Dadurch wurde die Stufe hinab zum Brohlbach aufgehöht und die Wasseroberfläche vergrößert, wodurch die Kalkabscheidung noch gesteigert wurde. Es entstand eine Kalksinterstufe, ähnlich wie in den natürlich viel größeren weltberühmten Beispielen Plitwitzer Seen (Kroatien), Pamukkale (Türkei), Bandi Amir (Afghanistan). Ein Beispiel in unserer Nähe befindet sich in Nohn in der Eifel. Die Prozesse sind ähnlich, wenn man kalkhaltiges Wasser kocht und dadurch die Löslichkeit von Kalk herabsetzt, so daß sich der als Kesselstein ausscheidet.

Diese Vorgänge liegen in geologischen Zeiträumen noch nicht lange zurück, denn der Kalksinter überdeckt den Brohltaltraß, der ja „erst“ vor 13 000 Jahren abgelagert wurde (vgl. U 1, U 3). Für Kalksinter ist auch die Bezeichnung „Kalktuff“ gebräuchlich, wobei „Tuff“ aber auch verfestigte vulkanische Asche bedeutet. Heute liegt die Mündung des Gleeser Baches nur wenig nördlich, unterhalb der Brücke.

Abb. 19a Wasserfall von Nohn, ein Beispiel aus der Kalkeifel

Vom „Queckebur“ wird links über die Brücke gegangen. Beim Blumengeschäft Rothstein muß über den Parkplatz auf einen Weg eingebogen werden, der am Spielplatz , unterhalb des Pennymarktes, hinunter zum Brohlbach führt. Dabei wird eine kleine Brücke überquert. Nach wenigen Metern liegt rechterhand der nächste Punkt.

U 14 Sandkopf

Bei der Ablagerung des Aschestromes, der das Tal in kurzer Zeit verstopfte, hat der Brohlbach immer wieder versucht, sich einen Weg durch die Aschemassen zu bahnen. Er muß damals viel Wasser geführt haben, denn während der Tätigkeit des Laacher-See-Vulkans, dem ja die Ascheströme entstammen, muß es gewaltige Unwetter gegeben haben. Sie wurden dadurch ausgelöst, daß bei der Eruption eine heiße Gassäule mehrere zehntausend Meter hoch aufstieg und in kältere Luftschichten vorstieß. Es strömten also große Wassermassen im Brohltal zusammen, so daß der Bach sich durch die Aschen immer wieder hindurchfressen konnte. Er führte Schutt devonischer Gesteine, Basaltbrocken und aufgearbeitetes Material aus dem Aschenstrom mit sich. Hier sieht man unten noch die Ascheablagerungen (die hier als Traß bezeichnet werden) und darüber die geröllreichen Bachablagerungen. Beim Traßabbau konnte man diese verunreinigten Partien nicht verwenden und ließ sie als sogenannte Sandköpfe stehen.

Ca. 500 m weiter führt der Weg nun im „Weyerbüsch“ aufwärts und kommt in den Bereich, in dem ein Lavastrom im Talhang angeschnitten wird. Er ist nach Norden aus dem Schlackenring Lummerfeld ausgeflossen und hat sich in das Brohltal ergossen, das aber damals noch nicht so tief eingeschnitten war wie heute.

In der Lava sind zu erkennen: schwarzer Augit, dunkle Biotitblättchen (Glimmer), gelbgrüner Olivin und weißer Leuzit. Die Petrographen bezeichnen das Gestein als Phlogopit-Leuzit-Basanit. Aus dem Bereich von Punkt **U 15** ziehen sich Basaltblöcke den Hang hinunter bis zur Talsohle. Bei Punkt **U 16** finden sich alte Steinbrüche. Die Basis des Lavastroms liegt hier in etwa 180 m Höhe, sie sinkt talabwärts, also in Richtung Osten, schwach ab, entsprechend der Neigung des alten Talbodens. Heute liegt hier die Talsohle etwa 130 m hoch. Seit Erkalten des Lavastroms hat sich der Brohlbach also 50 m tief eingeschnitten; dazu wird er einige Hunderttausend Jahre benötigt haben, die Vulkanereignisse liegen also lange zurück. Am Punkt U 15, der sogenannten „Felsenidylle“, ist deutlich zu sehen, daß sich die Lava beim Abkühlen zusammenzieht, wodurch Schrumpfrisse entstehen, die den Lavastrom in Pfeiler von mehreren Metern Dicke gliedern. Beim Erstarren der Lava wurden Gasblasen eingeschlossen, die jetzt als unregelmäßige Hohlräume sichtbar sind. Der Lavastrom wird von umgelagertem Bims und Traß bedeckt. In der Nachbarschaft der Steinbrüche finden sich mächtige alte verwilderte Kirschbäume; sie begleiten im Rheinland den alten Steinbruchbetrieb überall und erinnern an die bescheidenen Mahlzeiten der Arbeiter, die noch nicht mit dem Moped zur Mittagspause nach Hause fahren konnten.

Der Weg führt nun ganz auf die Höhe in Richtung Südost.

U 17 Flacher Basaltschlackenkegel

Die flache mit Buchen bestandene Anhöhe stellt einen kleinen selbständigen Basaltschlackenkegel von etwa 25 m Durchmesser und nur wenigen Metern Höhe dar. Es ist wahrscheinlich, daß das Lavavorkommen, bei Punkt U 15, das unterhalb von hier auf einer schmalen Verebnung im Talhang westlich der Nonnsmühle in 160 m Höhe liegt, von hier stammt. Zu diesem Lavastrom gehört dann der Tauber genannte Basaltfelsen auf der anderen Brohltalseite; er liegt auf gleicher Höhe. Der Brohlbach hat also diesen Lavastrom durchschnitten.

In der Umgebung des flachen Schlackenkegels liegen auf der Südseite des Brohltals auf Feldern zahlreiche Blöcke eines dichten Basalts, der sich von den blasenreichen jungen Basalten deutlich unterscheidet. Er gehört zu einem viel älteren Basaltvulkan, der vor etwa 23 Millionen Jahren entstand, also in der Tertiärzeit, während unser Schlackenkegel hier sowie Kunkskopf- und Lummerfeld-Vulkan „nur" vor wenigen Hundertausend Jahren tätig waren. Dieser tertiärzeitliche Basaltvulkan ist der Kahlenberg auf der gegenüberliegenden Seite des Brohltals. Durch einen jungen Bimsvulkan ist ein Teil von ihm weggesprengt worden, und die Brocken des Kahlenberg-Basalts wurden über das Brohltal hinweg bis hierher geschleudert. Diese Bimseruptionen sind das jüngste Ereignis im Raum Burgbrohl, sie dürften nur wenig älter sein als der große Bimsausbruch des Laacher Vulkans und die damit verbundenen Aschenströme, die das Brohltal ausfüllten.

Von dieser Stelle Punkt U 17 sieht man im Westen über die Ansiedlung um die ehemalige Propstei Buchholz. Dahinter ist die Vulkangruppe (von links nach rechts) Engelner Kopf (Phonolith), Schorberg (Basalt), Schellköpfchen (Phonolith) zu sehen, rechts davon die Phonolithkuppe Olbrück mit dem Burgturm.

Von hier führt der Weg hinab zum Ausgangspunkt dieser Tour.

Route M Mittleres Brohltal

Dieser Abschnitt des Lehrpfades, der am Bahnhof Niederzissen der Brohltalbahn beginnt, führt verschiedene Vulkanablagerungen vor und einige Aufschlüsse aus dem devonischen Untergrund. Der basaltische Ringwall des Bausenbergs, einer der am besten erhaltenen Vulkane der Eifel und das Wahrzeichen des Brohltals, der Phonolithdom Olbrück, sind besonders markante Punkte.

Die ersten Aufschlüsse liegen im Südosten von Niederzissen (Klosterstraße):

M 1 Lahar

Vor etwa 200 000 Jahren öffnete sich etwa 1 km nördlich von Wehr ein Vulkanschlot, der in nördlicher und östlicher Richtung phonolithisches Lockermaterial auswarf, das reich an Gesteinen aus dem Herdbereich (dichte und bimsartige Phonolithe) und an mitgerissenen metamorphen Gesteinen aus dem Untergrund des Devonstockwerks ist. Daneben sind auch Gesteinsfragmente aus dem devonischen Dach des Herdes in diesen Auswurfmassen vorhanden. Diese Förderprodukte nennt man Hüttenberg-Bims, da sie in der Umgebung des Hüttenberges südlich der Autobahnraststätte Brohltal verbreitet sind. Während und nach der Eruption gab es Unwetter, die durch das Zusammenstoßen der heißen Gassäule mit der Atmosphäre ausgelöst wurden. Dadurch wurden die Aschen vermengt mit Löß und dem Verwitterungslehm der Devongesteine in einem Vorläufer des Wirrbachtales als breiter Schlammstrom in Richtung auf das Brohltal hinabgeschwemmt. Er zeigt ein chaotisches Gemenge aus Bruchstücken verschiedener Gesteine, wobei die dunkelgrünen Phonolithe für die Förderprodukte des Hüttenberg-Vulkans charakteristisch sind. Sowohl der Brohlbach als auch der Wirrbach haben sich seit dieser Zeit tiefer eingeschnitten; der Brohlbach liegt heute bei Niederzissen etwa 7 m tiefer als zur Ablagerungszeit des Schlammstroms. Solche Schlammströme in unverfestigten Aschen sind in den niederschlagsreichen Vulkangebieten in Äquatornähe besonders häufig und werden deshalb mit einem indonesischen Wort als Lahar bezeichnet.

M 2 Bunkereingang

Während des Krieges haben die Bürger von Niederzissen in den Schlammstrom (Lahar-)-Ablagerungen ein weitverzweigtes Stollensystem als Zufluchtsstätte bei Bombenangriffen angelegt. Die verfestigten Lahar-Ablagerungen unterliegen jedoch auch der Verwitterung. Am 13. Januar 1977 ereignete sich unmittelbar südlich von hier ein Bergsturz. Ca. 1000 Kubikmeter Laharmaterial stürzten auf die Klosterstraße und drückten eine Hauswand ein. Menschen kamen zum Glück nicht zu Schaden.

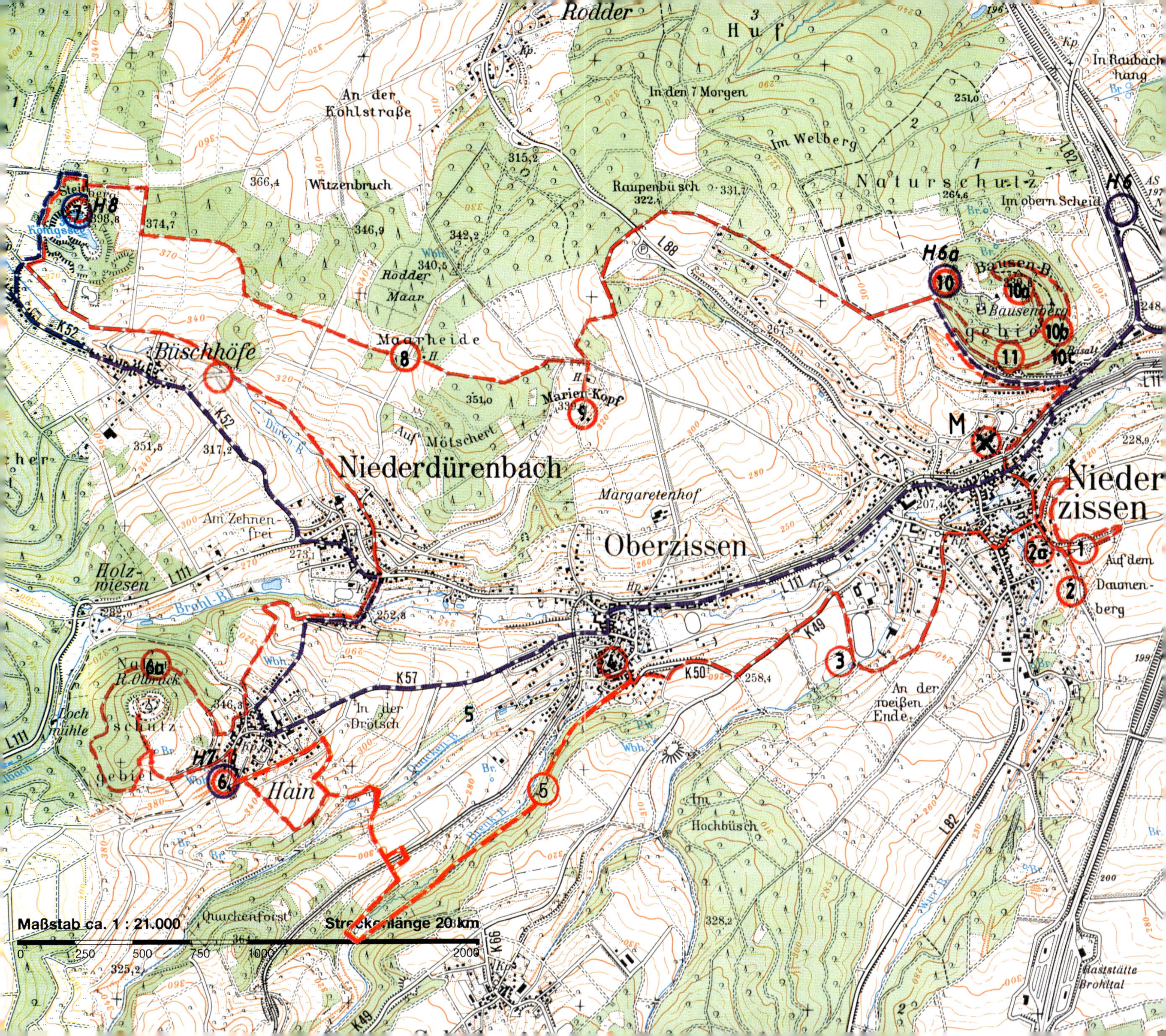

Rodder
Huf
An der Kohlstraße
In den 7 Morgen
Im Welberg
Witzenbruch
Raupenbüsch
Naturschutz
Im obern Scheid
In Raubach hang
Rodder Maar
Maarheide
Marien-Kopf
Bausen-B.
Bausenberg
gebiet
Büschhöfe
Niederdürenbach
Auf Mötschert
Margaretenhof
Am Zehnen-frei
Oberzissen
Niederzissen
Auf dem Daunenberg
Holzmiesen
Brohl-B.
Naturschutzgebiet
Lochmühle
In der Drötsch
An der weißen Ende
Hain
Im Hochbüsch
Quackenforst
Raststätte Brohltal
Maßstab ca. 1 : 21.000
Streckenlänge 20 km
0
250
500
750
1000
2000

Abb. 20 „Segenstein bei Hain" vom Anfang des 17. Jahrhundert

Der Weg überquert dann den Wirrbach und verläßt Niederzissen in südwestlicher Richtung. Westlich vom Sportplatz führt er an einem Feuchtbiotop (**M 3**) vorbei und erreicht nach gut 1 km Oberzissen und im Südteil dieses Ortes den Sauerbrunnen.

M 4 Sauerbrunnen in Oberzissen
Der Sauerbrunnen hier ist der westlichst gelegene in dem an Kohlensäurequellen reichen Brohltal. Der hier anschließende Hang heißt Burberg; mit Bur = Born werden hier im Volksmund Quellen bezeichnet. Das erkaltende Magma in einigen Kilometern Tiefe gibt im letzten Stadium seiner Erstarrung Kohlendioxid-Gas (CO2) ab. Das steigt auf Verwerfungen und Spalten auf und kommt nahe der Oberfläche ins Grundwasser. Hier wird es gelöst, dadurch entsteht Kohlensäure (H2CO3). Wenn mehr als 1 g Kohlendioxid in 1 kg Wasser gelöst ist, spricht man von Sauerbrunnen oder Säuerling. Die Anwesenheit von Kohlendioxid verleiht dem Wasser die Fähigkeit, noch viele andere Stoffe aus dem Gestein zu lösen, deshalb nennt man es zu Recht Mineralwasser. Beim Austritt des Quellwassers entweicht das Kohlendioxid-Gas wieder, das gibt dem Mineralwasser den prickelnden Geschmack. Das Quellwasser hat eine Temperatur von 11,8°C.

Der Weg führt in südwestlicher Richtung weiter und erreicht nach ca. 500 m einen Aufschluß in unterdevonischen Gesteinen:

M 5 Devonaufschluß
Die Mittleren Siegen-Schichten bestehen aus Sandsteinen und Siltsteinen. Diese Gesteine sind dadurch entstanden, daß von einem im Norden gelegenen Festland durch Flüsse Sand und Tonschlamm in ein flaches Meeresbecken hineingeschwemmt wurde. Der Meeresboden sank ständig ab, dadurch konnte während der Unterdevon-Zeit hier in mehr als 5 km Dicke solches Material angehäuft werden. Durch den Druck der auflagernden Schichten wurde aus dem Schlamm das Wasser herausgepreßt, und er erhärtete zu Gestein. Dabei nennt man, wie bereits an anderer Stelle erwähnt, die Gesteine mit Körnern von mehr als 0,06 mm Größe Sandsteine (sofern die Körner meist aus Quarz bestehen), die mit Teilchen zwischen 0,06 und 0,002 mm Größe als Siltsteine (sie bestehen aus Quarz und Glimmerblättchen), die mit Korngrößen von höchstens 0,002 mm als Tonsteine oder Tonschiefer (sie bestehen fast nur aus Glimmerblättchen). Je höher der Tonanteil ist, desto dunkler sind die Gesteine. Das kommt daher, daß die eisenreichen Glimmer dunkel gefärbt sind und außerdem Tongesteine viel von dem schwarzen Bitumen (organische Substanz) enthalten. Bei Verwitterung oxidiert das Bitumen, und das Eisen wird von dem Niederschlagswasser gelöst und in tiefere Partien verfrachtet; dadurch wird das Gestein dann ausgebleicht.

Nach gut 2 km erreicht der Weg das Dorf Hain am Fuße der Olbrück. Hier kann man links dem direktesten Weg zur Burgruine folgen, oder rechts durch den Ort am Haus des bekannten Bildhauers Gerhard Marcks vorbeigehen.

Abb. 21 Burgruine Olbrück

M 6, M 6a Olbrück

Die Kuppe mit der Burgruine Olbrück stellt einen Phonolithdom dar. Die Phonolithschmelze ist relativ zäh, kann also nicht wie die dünnflüssigen Basaltschmelzen lange breite Lavaströme bilden, sondern sie erstarrt beim Aufdringen in breiten Kuchen oder in Kuppeln, welche die Vulkanologen als Dome bezeichnen. Der Olbrück-Dom ist aufgedrungen, als das Brohltal noch kaum eingeschnitten war, sonst wäre die Schmelze dort hineingequollen und nicht zu einer solch regelmäßigen Kuppel erstarrt. Aus den Anteilen an Zerfallsprodukten des sich radioaktiv umwandelnden Kaliums in den Feldspäten ließ sich das Alter der Erstarrung des Gesteins mit etwa 410 000 Jahren bestimmen. Damit hat man also ein Mindestalter für die Eintiefung des Brohltales.

In dem grauen Phonolith sind mit bloßem Auge nur Nosean (dunkel) und der Feldspat Sanidin (glasklar) zu erkennen; die anderen Mineralien sind nur in mikroskopisch kleinen Körnern in der Grundmasse vorhanden. Da das Gestein beim Anschlagen einen hellen Klang gibt, nannte man es früher Klingstein; Phonolith ist die griechische Übersetzung dafür. Man kann also aus verschieden langen Phonolithstäben Glockenspiele zusammenstellen. Das Gestein der Olbrück zerfällt in kleine Stücke, ist also dafür und auch zur Werksteingewinnung wenig geeignet. An älteren Häusern in Hain und an der Burg sind Phonolithstücke vermauert worden. Zwischen Hain und dem Brohltal findet sich noch eine kleine Nebenkuppe aus Phonolith.

Der Weg führt hinab zum Brohltal und über Niederdürenbach nördlich an Büschhöfe vorbei zum Steinberg (3,5 km).

Abb. 22 Gerbier de Joncs, ein nicht bewaldeter Phonolithdom nahe der Loirequelle im Franz. Zentralmassiv

M 7 Steinberg

Der Steinberg ist ein Vulkanbau, der etwa 35 Millionen Jahre älter ist als die Vulkane des Laacher-See-Gebietes. Er gehört zu dem tertiärzeitlichen Vulkanfeld der Hocheifel, dessen bekannteste Basaltberge die Hohe Acht (mit 747 m der höchste Berg der Eifel) und die Nürburg sind. Diese Basaltkuppen sind folgendermaßen entstanden: es bildete sich zuerst ein Kegel aus Basaltlapilli und -schlacken. In ihn drang dann Basaltschmelze ein und erstarrte langsam in einem keulen- oder schüsselförmigen Körper. Die heiße Schmelze hat ein größeres Volumen als das erkaltete Gestein; beim Erstarren bilden sich deshalb Schrumpfrisse, die das Gestein in fünf- bis sechseckige Säulen zerlegen. Der im Gegensatz zu den blasigen quartärzeitlichen Basaltlaven dichte Basalt ist als Schotterstein abgebaut worden. Den verlassenen Steinbruch füllte das Grundwasser, so bildete sich der Königssee.

Der Weg verläuft nun in östlicher Richtung und erreicht nach etwa 2 km den Punkt M 8:

M 8 Rodder-Maar

Die elliptische flache Senke Rodder-Maar war früher sumpfig und stand zeitweilig sogar voll Wasser. Sie ist in über 10 m Mächtigkeit mit tonigem Material erfüllt. Die unterdevonischen Schiefer und Sandsteine finden sich nur in ihrer Umrandung. Wahrscheinlich stellt sie eine vulkanische Explosionsröhre dar, ähnlich wie einer der Maarvulkane der Westeifel. Jedoch hat sich bisher hier kein vulkanisches Material finden lassen, auch magnetische Vermessungen ergaben keine Hinweise auf vulkanisches Gestein. Die in Nordnordost-Richtung 350, senkrecht dazu 250 m breite Senke ist durch Gräben trockengelgt und mit Fichten aufgeforstet worden.

Nach 800 m ist man nördlich vom Marienkopf angelangt, verläßt den Hauptweg nach Süden und erreicht westlich (links) von der Hütte einige Quarzfelsen:

M 9 Marienkopf

Während der Faltung der devonischen Schichten sind aus großen Tiefen heiße Lösungen aufgestiegen, aus denen bei Abkühlung Mineralien wie Quarz oder verschiedene Metallsulfide auskristallisierten. Die Metallsulfide (Bleiglanz, Zinkblende, Kupferkies u.a.) wurden früher an vielen Stellen des Rheingebietes als Erze abgebaut. Hier an dieser Stelle hat sich in mehreren Nord-Süd verlaufenden Spalten nur das Mineral Quarz (SiO_2) ausgeschieden. Eine solche quarzgefüllte Spalte nennt man einen Quarzgang. Die Quarzgänge sind viel widerstandsfähiger als die Schiefer- und Sandsteine ihrer Umgebung und sind deshalb als Mauern herausgewittert. Im Gebiet des oberen Brohltals gibt es mehrere solcher Quarzgänge. Sie wurden als Schottermaterial oder als feuerfestes Gestein abgebaut. Mineralgänge sind in der Eifel nicht nur im Gefolge der Faltung entstanden, sondern auch während der tertiärzeitlichen Aufstiegsphase des Rheinischen Schiefergebirges; vielleicht sind die Minerallösungen durch die Vulkanherde in der Tiefe mobilisiert worden. Welcher Ganggeneration diese Quarzgänge hier angehören, läßt sich nicht entscheiden.

Der Weg wird nun erst in nordöstlicher, dann in südöstlicher Richtung fortgesetzt und erreicht nach etwa 2,5 km den **Bausenberg** an der Stelle, wo der so schön kreisförmig geschlossene Ringwall durch einen Lavastrom, der über 3,5 km lang bis ins Vinxtbachtal bei Gönnersdorf geflossen ist, durchbrochen wurde **(M 10)**.

Der Ringwall, der in seiner Unversehrtheit unter allen Eifelvulkanen ein Unikum darstellt, besteht aus basaltischen Schlacken und Lapilli. Sie sind wie auch die blasenführende Lava petrographisch als Nephelin-Leuzit-Basanit zu bezeichnen. Der Vulkan dürfte etwa vor 150 000 Jahren tätig gewesen sein, damit gehört er zur jüngeren Generation von Basaltvulkanen der Osteifel; das mag auch ein Grund für den vorzüglichen Erhaltungszu-

Abb. 23 Bausenbergkrater von Nordwest (Luftbild)

stand sein. Man kann einen Rundgang im Kammbereich vornehmen oder auch gleich den Fahrweg nach Niederzissen auf der Südseite des Berges hinabgehen. Man kommt dann an einer alten Schlackengrube vorbei **(M 11)**, die nahe der Basis des Schlackenrings angelegt ist. In den Basisaschen des Bausenbergs fanden sich Pflanzenabdrücke, u.a. die von Maiglöckchenblättern. Zur Ausbruchszeit muß also ein Klima geherrscht haben, das dem heutigen ähnelte. Der Vulkan ist demnach während einer Zwischeneiszeit (Warmzeit) tätig gewesen. Man kann, bevor man nach Niederzissen zum Ausgangspunkt hinabgeht, noch einen Abstecher zum Mitfahrerparktplatz nördlich der Autobahnauffahrt machen und hier den von der Autobahn durchschnittenen Lavastrom betrachten (vgl. H 6); es ist hin und zurück ein Umweg von 1,5 km.

Route O Oberes Brohltal

Der westlichste Teil des Geopfades beginnt am Bahnhof Engeln der Brohltalbahn. Diese seit 1901 bestehende Schmalspurbahn führte früher bis Kempenich und verband so einen damals sehr abgelegenen Teil der Osteifel mit dem Rhein. Der Transport vulkanischer Produkte zum Rheinhafen Brohl war eine wichtige Aufgabe der Bahnlinie, die durch hohe Viadukte und Steilstrecken seit jeher die Freunde einer Eisenbahnromantik fasziniert. Auf ihr finden Transporte von Gesteinsmaterial statt. Personen werden in der Saison von Karfreitag bis zum letzten Oktoberwochenende und an Feiertagen sowie in Sonderzügen mit dem „Vulkanexpress“ auf ihr befördert; Endstation der Bahnstrecke ist hier der Bahnhof Engeln.

Abb. 24 Der Vulkanexpress am Bahnhof Engeln, im Hintergrund der Lehrenkopf

Er wird umgeben von bewaldeten Vulkankuppen: im Westen hinter dem Dorf Engeln der Phonolithdom Engelner Kopf, auf der anderen Seite (im Osten des Bahnhofs) der Lehrenkopf, ebenfalls aus Phonolith bestehend. Im Norden liegt der Basaltschlackenkegel Schorberg, dahinter die Phonolithkuppe Schellköpfchen. Knapp einen Kilometer nordöstlich vom Bahnhof liegt der durch einen großen Steinbruch angeschnittene Phonolithdom Schellkopf. Im Süden liegt eine sanftwellige Landschaft vor uns, die durch eine Decke von Phonolithtuffen geprägt wird. Sie wurde von mehreren Schloten in der Umgebung von Weibern und Rieden gefördert. Mit diesen Phonolithtuffen und ihrer Bedeutung als Werksteine beschäftigt sich der erste Teil der Route.

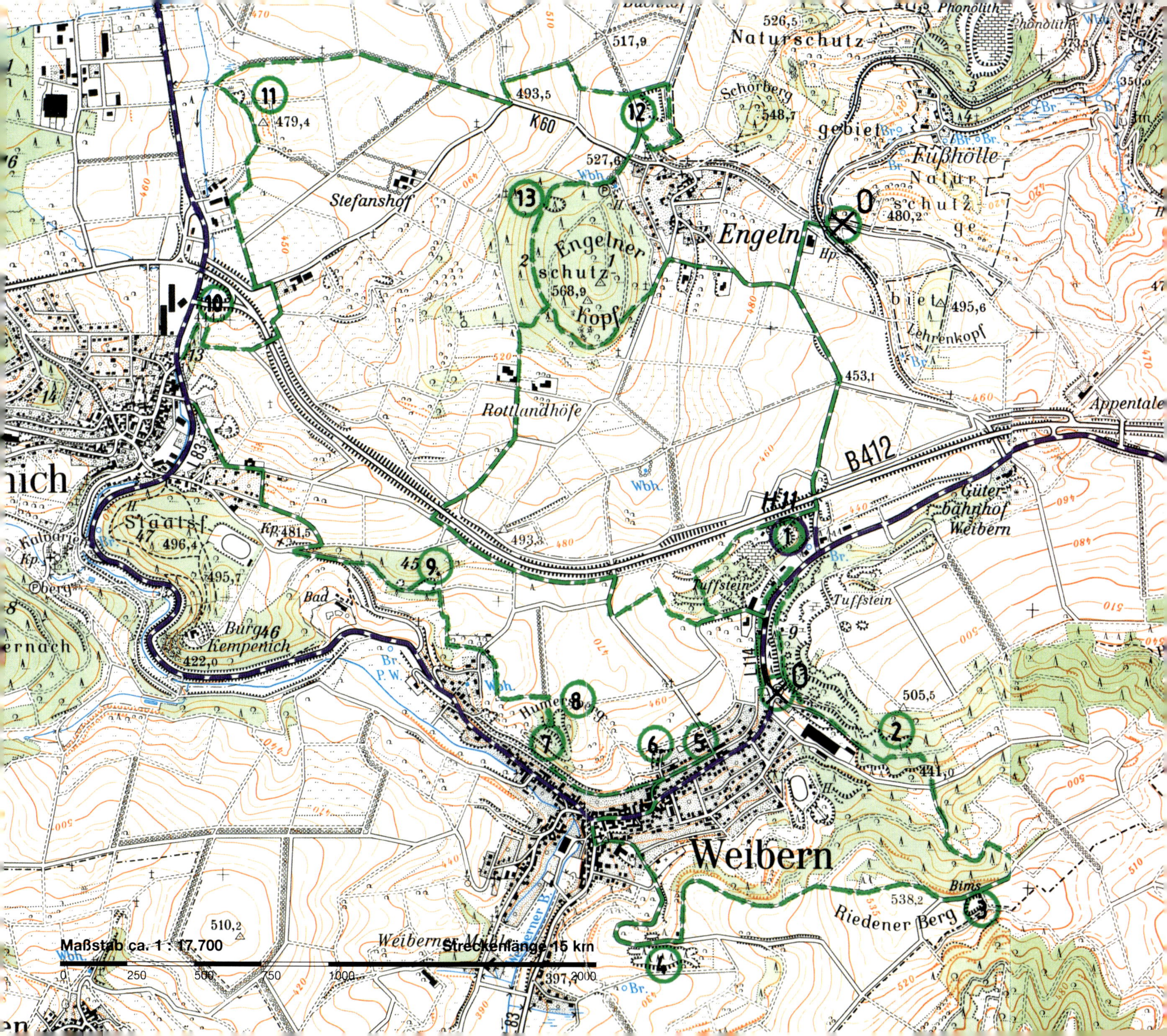

Naturschutz
gebiet
Fußhölle
Naturschutzgebiet
Schorberg
Engeln
Engelner Kopf
schutz-
Stefanshof
Rottlandhöfe
Lehrenkopf
Appentale
B412
Güterbahnhof Weibern
Tuffstein
Staatsf.
Burg Kempenich
Kalvarienberg
Bad
Humersberg
Weibern
Riedener Berg
Bims
Weiberner Mühle
K60
L114
Maßstab ca. 1 : 17.700
Streckenlänge 15 km
0
250
500
750
1000
2000

Route O = Oberes Brohltal

Zwischen Kempenich und dem oberen Brohltalgebiet liegen basaltische Vulkane, die zu den ältesten im Laacher Vulkangebiet gehören. Einige von ihnen stellt der zweite Teil der Route vor. Vom Bahnhof Engeln gehen wir nach Süden und betreten östlich von Weibern eine der eigenartigsten Steingewinnungslandschaften der ja an Steinbrüchen nicht gerade armen Eifel. Die Phonolithtuffe sind bei Weibern schon seit der Römerzeit als Werksteine abgebaut worden. Das Material läßt sich in bergfeuchtem Zustand leicht schneiden, erhärtet aber beim Trocknen. Wenn man durch den Ort geht, sieht man an den Häusern Schrift oder feine Verzierungen in den Stein eingeschnitten. Man hat die Weiberner und Riedener Tuffe auch gern für das feine Maßwerk gotischer Kirchen verwendet. Östlich Weibern wurde ein großer Tuffbruch neben dem anderen angelegt. Der größte Teil von ihnen ist heute verlassen und ganz zugewachsen. Die hellbraunen Tuffbausteine prägen die Ortsbilder von Rieden, Weibern und Kempenich.

Abb. 25 Fußhölle mit den Phonolithdomen Schellkopf und Olbrück

O 1 „Auf der Windkaul"

Wir stehen hier im Zentrum der Weiberner Phonolithtuffdecke. Diese Tuffe sind von einem Schlot gefördert worden, der südöstlich von hier, etwa im Bereich des Dorfes Rieden bzw. nordwestlich davon gelegen haben muß. Sie sind zum größten Teil als heiße Gas-Asche-Gesteinspartikel-Gemische abgelagert worden; die Vulkanologen sprechen hier von pyroklastischen Strömen. Sie entstammen gasreichen Eruptionssäulen, die in sich zusammenfielen und sich rund um den Schlot ausbreiteten. Dadurch wurde die Landschaft mit einer Tuffdecke überzogen, die im Raum Weibern durchschnittlich 30 m dick ist, wie die hohen Steinbruchwände zeigen.

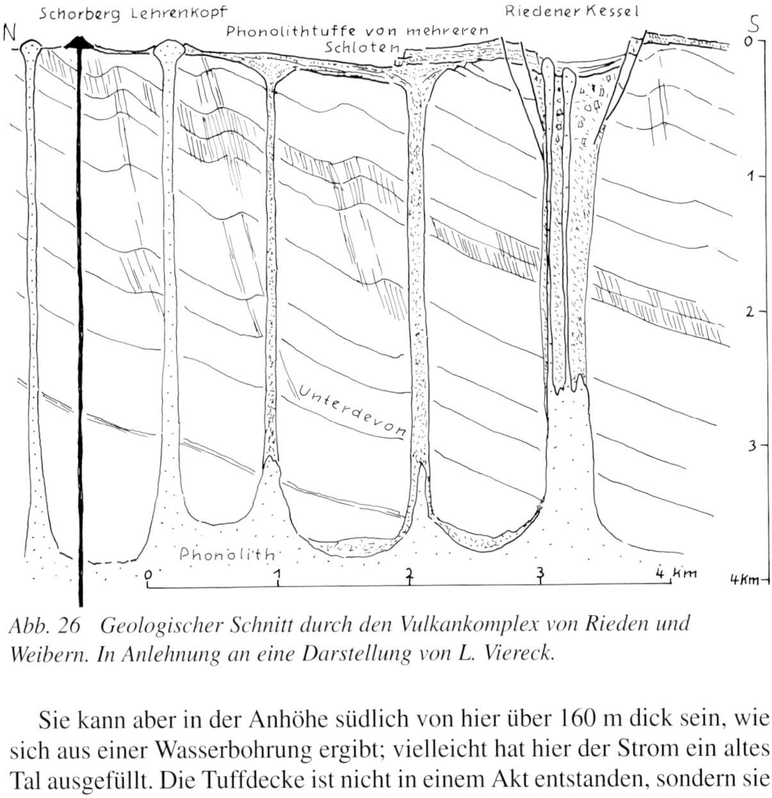

Abb. 26 Geologischer Schnitt durch den Vulkankomplex von Rieden und Weibern. In Anlehnung an eine Darstellung von L. Viereck.

Sie kann aber in der Anhöhe südlich von hier über 160 m dick sein, wie sich aus einer Wasserbohrung ergibt; vielleicht hat hier der Strom ein altes Tal ausgefüllt. Die Tuffdecke ist nicht in einem Akt entstanden, sondern sie setzt sich aus mehreren Strömen (mehreren Fließeinheiten, wie die Vulkanologen sagen) zusammen, wobei an der Basis der Einzelströme sich die schwereren Gesteinsfragmente anhäufen. Trotz dieses mehrphasigen Ablaufs des Ausstoßens der Gaswolken hat die Ablagerung der Weiberner Tuffe wohl nur wenige Stunden bis Tage gedauert. Das kann man aus der Beobachtung heutiger Vulkane ähnlichen Typs folgern. Bei den Eruptionen wurden auch größere Gesteinsstücke von Basaltlava oder Schiefer bzw. Sandstein aus der Schlotwand herausgerissen und in hohem Bogen (in einer sog. ballistischer Kurve) herausgeschleudert. Beim Aufprall in

Abb. 27 Steinsägewerk, Steinmetzhaus und Steinlager der Firma Hoss östl. Weibern, ca. 1890-1900

Abb. 28 Maßwerk eines Kirchenfensters aus Weiberner Tuff ca. 1953-55

die Tuffschichten erzeugten diese Blöcke Einschlagtrichter, aus deren Orientierung man die Lage des Schlotes rekonstruieren kann.

Die Weiberner Tuffe sind Teil eines großen Vulkankomplexes, der sich in Raum zwischen Rieden, Bell und Weibern entwickelte. Er wurde durch eine große Magmenkammer gespeist, in die aus großer Tiefe aufdringende basaltische Schmelzen nicht wie in den basaltischen Tuffringen und Schlackenkegeln zur Oberfläche durchstieß, sondern sich in einer Tiefe von etwa 5 km sammelte. In diesem Reservoir kristallisierten die basischen Bestandteile aus; dadurch bekam die verbleibende Schmelze eine saurere (kieselsäurereichere) Zusammensetzung, hier die Zusammensetzung von Phonolithen. Bei einer solchen Differenzierung von Schmelzen steigt der Gasdruck in ihnen. Wenn ihm das Herddach nicht mehr standhält, reißt ein Schlot auf. Durch die Druckentlastung schäumt das Magma auf, und die zähe Schmelze wird zertrümmert und in Aschewolken hoch hinaufgeschleudert. Dieses Aufschäumen bei Druckentlastung kann mit den Vorgängen in einer Sprudelflasche beim Öffnen des Verschlusses verglichen werden. Solche Vorgänge wiederholten sich in dem großen Vulkankomplex mehrmals innerhalb eines Zeitraumes von etwa 50 000 Jahren. Es drang wohl immer wieder Material aus der Tiefe in die Magmenkammer hinein, so daß sich die Vorgänge wiederholen konnten. In den Pausen zwischen den Tuffexplosionen konnte sich das Gebiet bewalden; in einigen Tuffeinheiten findet man an der Basis Pflanzenreste oder Hohlräume um verkohlte Baumstämme oder Äste. Es ließen sich neun Ausbruchstellen für Tuffe feststellen; nicht immer wurden Phonolithtuffe gefördert, es finden sich im Riedener Tuffkomplex auch dünne basaltische Aschen. Besonders viele Ausbruchsstellen liegen in der engeren Umgebung von Rieden. Hier sank die Kruste über dem entleerten Herd in einer Caldera (spanisch caldera = Kessel) ein, so entstand der Riedener Kessel, in dem sich zeitweise sogar ein See bilden konnte, der aber schließlich wieder von Phonolithtuffen eingedeckt wurde. Die Tätigkeit in diesem großenVulkankomplex begann etwa vor 450 000 Jahren und endete vor etwa 400 000 Jahren. Das ließ sich durch die Analyse von Produkten radioaktiven Zerfalls einiger Mineralien bestimmen.

Der Weg führt auf der anderen Seite der Straße an völlig zugewachsenen alten Tuffgruben und Abbauwänden vorbei und steigt langsam an, bis zum Eingang in einen Steinbruch, in dem gelegentlich Freiluft-Gottesdienste abgehalten werden.

O 2 Phonolithtuffbruch „In den Lärchen“

Ungefähr hier ist die Decke der Weiberner Phonolithtuffe am dicksten; die Tuffe dürften hier etwa 150 m mächtig sein. Die Aschen bestehen ursprünglich aus mikroskopisch feinen Scherben und Splittern vulkanischen Glases, die allerdings inzwischen zersetzt wurden und nicht mehr als Glas vorliegen. Sie enthalten kleine Stücke von unterdevonischen Gesteinen und weißem Gangquarz (sie stammen von den vielen Quarzgängchen

Abb. 29 Phonolithtuffabbau „Auf der Windkaul“

und -äderchen, die das Schiefergebirge durchschwärmen). Sie sind bei den Tuffexplosionen aus den Schlotwänden oder aus dem Herddach mitgerissen worden. Es finden sich im Tuff außerdem walnußgroße Bimsstücke, also durch Gas aufgeblähte, aber nicht zu feinen Scherben zerrissene glasige Fragmente der Phonolithschmelze. Die Aschen und die Bimsstücke sind zunächst durch heiße Lösungen unmittelbar nach Ablagerung der Tuffe und später durch kältere Lösungen „entglast" und durch Auskristallisieren der dabei gelösten Bestandteile als Zeolithe in den Porenraum des Tuffes so miteinander verbacken und homogenisiert worden, daß sich aus dem Material große Werkstücke herausschneiden lassen. Es finden sich auch Lagen, in denen die Bimskörner stark angereichert sind, wie z.B. eine in ca. 5 m Höhe. Hier hat das Gestein keinen Zusammenhalt. Das Mauerwerk ganz oben stammt von alten Abbauen. Man hat dort Abraum und Abfallstücke aufgeschichtet.

Der Weg führt von hier auf die Höhe und dort nach links in Richtung Riedener Berg. Bald steht man an einer großen Bimsgrube links des Weges:

Abb. 30 Altes Foto Steinbruch. „In den Lärchen"

O 3 Bimsgrube Hatzenfeld

In der Grube werden Bimsschichten von leuzitphonolithischer Zusammensetzung abgebaut, die einem der Schlote des Rieden-Weiberner Vulkankomplexes entstammen. Im unteren Teil des Anschnittes sind Dünenstrukturen zu sehen, die auf flach vom Ausbruchszentrum mit großer Geschwindigkeit sich ausbreitende Eruptionsstöße zurückgehen. Man hat solche Eruptionswolken bei Vulkanen beobachtet, an denen der Zutritt von Oberflächenwasser zum Vulkanschlot heftige Explosionen ausgelöst hat und bezeichnet sie mit dem englischen Ausdruck „base surges“, was soviel wie „Grundwoge“ oder „Grundschwall“ heißt. Die von solchen „base surges“ verursachten Dünen zeigen im Gegensatz zu Winddünen, die flache Seiten vor dem Wind (in Luv) und steilere im Windschatten (in Lee) haben, steile Luvseiten (die also dem Schlot zugekehrt sind) und flachere Leeseiten; deshalb werden sie auch als Antidünen (englisch anti dunes) bezeichnet. Da sie oft konzentrisch um den Schlot angeordnet sind, nennt man sie auch Ringdünen. Nach ihrer Orientierung muß das Förderzentrum nordöstlich von hier gelegen haben, wahrscheinlich nur wenige hundert Meter entfernt. Das machen die dezimetergroßen Blöcke von Nebengestein wahrscheinlich, die im unteren Teil der Bimsfolge stecken. Sie zeigen keine Einschlagsmarken, ein Zeichen dafür, daß sie auch durch die dicht über dem Erdboden sich ausbreitenden „base surges“ transportiert wurden. Im oberen Teil des Abschnittes finden sich auch Fremdgesteinsblöcke, die Einschlagstrichter in die unterlagernden Bimsschichten eingedrückt haben; sie sind also in hohem Bogen (in ballistischer Kurve) herausgeschleudert worden.

Die Fortsetzung des Weges führt nach Westen, und wir erreichen nach 1 km ein ausgedehntes Tuffabbau-Gelände **(O 4)**. Der Bergrücken heißt hier Hünkelsberg. Von Anfang des Jahrhunderts bis in die Mitte der 1950er Jahre wurde hier mit Unterbrechungen Phonolithtuff abgebaut, weil das Material in den oberen Partien sehr stark verkittet ist, so daß es härter ist als das der Tuffbrüche östlich von Weibern. In einer Partie sind durch die den Tuff verkittenden Lösungen bräunliche, oft wolkige Streifen und Bänder erzeugt worden; die Steinmetze nannten dieses Material „Weiberner Marmor“. U.a. ist es am Kriegerdenkmal in Weibern verwendet worden.

Man geht von hier zur Ortsmitte von Weibern hinab und dann 500 m auf der Straße Richtung Maria Laach. Hier führt eine Nebenstraße nach links und nach wenigen Metern zur Tuffsteinstraße. An der Straßenecke das aus Weiberner Tuff errichtete Gebäude des ehemaligen Bahnhofs **(O 5)**. Hier ist ein Steinmuseum eingerichtet, in dem die Arbeit in den Tuffsteinbrüchen anschaulich gezeigt wird. Eine Steinsammlung dokumentiert alle Gesteine der Osteifel. Im Steinmuseum werden Führungen, die auch die Steinbrüche einbeziehen können und bei denen die Arbeit mit Tuff vorgeführt wird, angeboten.

Lesen Sie bitte die Ergänzung auf Seite 88
„Blick nach Norden: das Vinxtbachtal.“

Man geht die Tuffsteinstraße nach Westen und nach 400 m eine Nebenstraße nach rechts hinauf. Hier kann man hinter den Häusern sehen, daß die Tuffdecke im Raum Weibern nicht nur aus den mächtigen Aschenfolgen besteht, die östlich des Ortes abgebaut werden, sondern aus stark wechselnden Schichten zusammengesetzt sein kann **(O 6)**.

06 Sandkaul in Weibern (Grube Herm. Portz/Text Dr. L. Viereck)
In der Aufschlußwand, die im mitteleuropäischen Raum einzigartig ist, sind von unten nach oben vier, sich in ihrer Entstehung und/oder Farbe unterscheidenden Schichtfolgen zu erkennen, von denen die mittleren beiden vom selben Vulkanausbruch stammen:

1) **Die braune Kieseinheit:** von Wasser, d. h. fluviatil umgelagerte Sedimente älterer vulkanischer Eruptionen mit zahlreichen, von Menschen gegrabenen Höhlen.

2) **Die weiße Bimseinheit:** hellgraue Schichteinheit mit weißem Bimsband, links von dem bzw. unter dem wir wellige Schichten von rechts von dem bzw. über dem wir gleichmäßig parallele Schichten sehen.

3) **Die dunkelgraue Basalteinheit:** gleichmäßig parallel durch die Aufschlußwand ziehende basaltische Schichten.

4) **Die chaotische Schlammstromeinheit:** eine nur in Resten erhaltene Schlammstromablagerung mit basaltischen Blöcken, die als jüngste Schicht am oberen Rand der Wand unter den überhängenden Büschen und Gräsern zu erkennen ist.

1) **Die braune Kieseinheit**

Bis in ca. 4 m Höhe der Aufschlußwand sind graubraun gefärbte, kiesige Sedimente zu sehen. Die meist nur ein bis wenige Zentimeter dicken Schichten bestehen überwiegend aus Devonschiefer- und Bimspartikeln, untergeordnet auch Basaltpartikeln, mit Korngrößen von überwiegend einigen Millimetern bis wenigen Zentimetern; am linken Ende des Steinbruches, etwa in Hüfthöhe, erreichen Schieferblöcke auch mal 30 cm Länge. Die gerundeten Kanten, die dachziegelartige Schräglage der plattigen Schieferstückchen und das interne Schrägschichtengefüge dieser Schichten sind unträgliche Anzeichen dafür, daß sie in einem fließenden Gewässer (d. h. fluviatil) abgelagert wurden, möglicherweise dem alten Weiberner Bach, der heute ca. 500 m westlich verläuft. In der hinteren Höhle an der linken Aufschlußwand weist eine ca. 30 cm hohe Falte, die durch eine Rutschung der nassen Sedimente entstand, darauf hin, daß das Bachbett nach Nordwesten geneigt war. Ebenfalls im linken (westlichen) Teil des Aufschlusses zeugt ein fossiler Eiskeil, aus Trichter von ca. 3 m Höhe, von der Entstehung dieser Ablagerung während einer Kaltzeit.

Die Grenze zur nächsten, der weißen Schichteinheit, bildet eine sehr feinkörnige, 5 cm dicke, beigefarbene Schicht, die als Stillwasser- bzw. Seesediment zu verstehen ist, denn solch feine Partikel, d. h. die Trübstoffe eines Gewässers, können nur in stehendem, nicht aber in fließendem Wasser abgelagert werden. Diese Schicht ist ein möglicher Hinweis auf ein warmzeitliches Klima.

2) und 3) Die weiße Bimseinheit und die dunkelgraue Basalteinheit

Den Hauptteil der Aufschlußwand bilden eine ca. 5 m mächtige hellgraue Schicht, die von einem weißen Bimsband durchzogen wird und eine darüberliegende, ebenfalls 4-5 m mächtige dunkelgraue Schicht, die über die gesamte Breite der Wand hinweg gleichmäßig parallel geschichtet ist. Beide bestehen aus rhythmischen Folgen von Lapillischichten – aus weißem Bims und Schiefern unten und grauem Basalt und Schiefern oben – mit wechselnden Anteilen an Asche (Lapilli = Mehrz. von lat. lapillus Steinchen, Partikelgröße 2 mm-6 cm). Die zweigeteilte Schichtenfolge entstand durch unzählige, heftigste phreatomagmatische (Wasser-Magma) Eruptionen und wurde aus sich in Bodennähe horizontal ausbreitenden Druckwellen („base surges") abgelagert. Der Farbwechsel von hell (Schicht 2, unten) nach dunkel (Schicht 3, oben) vollzieht sich innerhalb einer einzigen, nur 1 cm dicken Lage ohne Anzeichen einer Eruptionspause; d. h. die geochemische und mineralogische Zusammensetzung des Magmas hat sich im Verlauf einer einzigen Eruption verändert. Die untere Hälfte ist phonolithischer (Nosean-Leuzit-phonolitischer), die obere Hälfte basaltischer (leuzititischer) Zusammensetzung. Dieser Übergang ist sehr schön oberhalb des rechts aus der Sandkaul führenden Fußweges, kurz vor der Verwerfung zu sehen.

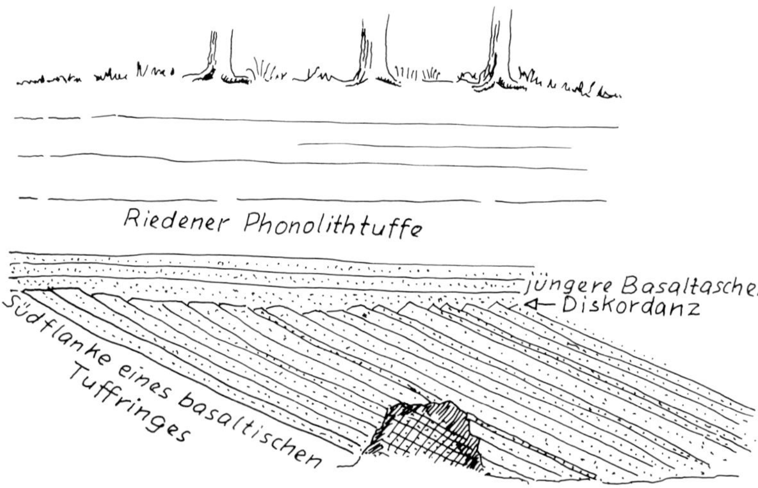

Abb. 31 Südteil der Grube Burgschafstall. Die hier diskordant liegenden jüngsten Basaltaschen legen sich weiter nördlich (links von dem hier dargestellten Abschnitt) konkordant auf die unteren Schichten. Dort ist der Scheitel eines Tuffringes angeschnitten.

Die markanten Unterschiede im Schichtgefüge zwischen den hellgrauen bis weißen und dem dunkelgrauen Schichtpaket sind dadurch entstanden, daß das aus dem Vulkan ausgeworfene Material (Bims und Schiefer) hier teilweise unter Wasser, d. h. in einem flachen See ab- bzw. umgelagert wurde. Eindeutiges Anzeichen dafür ist die wellige Schichtung in dem hellgrauen Schichtpaket 2, die, wenn man sie in gleicher Höhe entlang der Wand von links nach rechts verfolgt, an z. T. lagigen, ca. 30 cm mächtigen Linsen endet, die zu nahezu 100% aus weißem Bims aufgebaut sind. Bei dem weißen Band, das sich von rechts unten – unterhalb des rechts aus der Sandkaul führenden Fußweges – nach links oben durch die Aufschlußwand zieht, handelt es sich also nicht um ein einziges Band sondern um einzelne Bimslinsen bzw. Bimslagen, die nach links versetzt aufeindergestapelt liegen, d. h. von rechts nach links jünger werden.

Bei diesen Bimslinsen bzw. -lagen handelt es sich um Bimsflöße auf einer ehemaligen Seeoberfläche (Bims ist spezifisch leichter als Wasser), die entlang eines Seeufers abgelagert wurden.

Rechts in der jeweiligen Bimslage setzt sich das Schichtpaket in vielen dünnen parallelen Schichten fort, die außerhalb des Sees, d. h. subaerisch abgelagert wurden. Es kann daraus geschlossen werden, daß an dieser Stelle zur Zeit des Vulkanausbruchs (vor etwa 400.000 Jahren) ein flacher See allmählich von Bims und Schiefer aufgefüllt und dabei das Seeufer gleichzeitig nach Nordwesten, d. h. von uns weg nach links in die Wand hinein, auf Kempenich zu, verlagert wurde.

Die gleichmäßig parallel geschichtete graue Schichtenfolge 3 zeigt dagegen kein welliges Schichtungsgefüge; jede Einzellage der parallelen Schichten ist durch die gesamte Aufschlußwand zu verfolgen. Diese basaltischen Lapilliablagerungen wurden vollständig subaerisch, d. h. an Land abgelagert. Der Rand des Sees lag zu dieser Zeit schon außerhalb, westlich der hier aufgeschlossenen Wand.

4) Die chaotische Schlammstromeinheit

Die am oberen Rand der Aufschlußwand gerade noch sichtbare, ca. 1 m mächtige Schicht ist eine Schlammstromablagerung (ein Lahar). Markantes Kennzeichen sind große schwarze Basaltblöcke in feinkörniger beiger Aschematrix. Da feinkörnige Aschepartikel und grobe Blöcke aufgrund der krassen Massenunterschiede aus der Luft nicht zusammen am gleichen Ort abgelagert werden können, kann beides gemeinsam nur aus einem Schlammstrom dort abgelagert worden sein. Schlammströme können z. B. entstehen, wenn während oder nach einem Vulkanausbruch das frische, noch unverfestigte Material durch Regenwasser aufgeweicht wird oder durch die Erschütterungen eines Erdbebens fließfähig wird. Daß es noch nach Ablagerung der Schichteinheiten 1-3 zu kräftigen Erdbeben gekommen ist, zeigen zahlreiche Verwerfungen (Störungen) in der rechten Hälfte der Aufschlußwand, von denen die östlichste, unterhalb bzw. oberhalb des nach rechts aus dem Sandkaul hinausführenden Weges, mit ca. 1 m Versatzhöhe die größte ist. Bei der Ablagerung eines Schlammstromes können auch weiche Schichten durch Blöcke eingedrückt werden, wie es am rechten Ende der Schlammstromablagerung, am oberen Rand der Aufschlußwand links unterhalb der Birke zu sehen ist.

Von hier führt der Weg auf der alten Bahntrasse weiter und dann hinauf auf den Humersberg.

O 7 Humersberg

Der Humersberg ist ein basaltischer Schlacken- und Lapillikegel. Die 400 m nordwestlich gelegene flachere Anhöhe Katzenkopf ist ebenfalls ein solcher Vulkan. Auf Spalten ist Basaltmagma aufgestiegen, also Magma, das arm an Kieselsäure ist (aus dem sich nicht das Mineral Quarz ausscheiden kann), dafür reich an Eisen, Magnesium, Calcium und Alkalien. Daraus

Abb. 32 Bombe im Palagonittuff bei „Lösch´s Nück“

bilden sich die Minerale Olivin (Eisen, Magnesium), Augit (Calcium, Magnesium, Eisen), Biotit (ein dunkler Glimmer, u.a. mit Eisen), calciumreiche Feldspäte und Nephelin und Leuzit (mit den Alkalimetallen Natrium und Kalium). Beim Aufstieg sondert sich aus dem Magma das Gas (hauptsächlich Kohlendioxid, Wasserstoffgas und Wasserdampf) von den übrigen Bestandteilen. Es treibt das Magma heftig nach oben und wirft schließlich rotglühende noch flüssige Lava aus dem Schlot hinaus. Die Lavafetzen werden durch das Gas schaumig aufgebläht. Im Fluge erstarren sie und bilden so Basaltschlacken. Kleinere Lavatropfen erstarren zu etwa erbsengroßen Kügelchen, die man Lapilli nennt (italienisch = Steinchen). Noch feinere Lavafragmente werden als Sande oder, wenn sie fast staubfein sind, als Aschen bezeichnet. Diese Förderprodukte schichten sich in wechselnder Korngröße zu einem Kegel auf. Wenn größere Lavatropfen ausgeworfen werden, fallen sie in noch flüssigem Zustand auf den Kegelhang und können hier miteinander verschweißen. Basaltschlackenkegel von der Größe des Humersberges können in wenigen Tagen entstehen. Das ist an vielen heutigen Vulkanen beobachtet worden. Der Vulkan ist während der Ausbruchszeit der Phonolithtuffe des Rieden-Weiberner Vulkankomplexes entstanden: er hat Phonolithtuffe durchschlagen und wird andererseits auch von Phonolithtuffen eingedeckt, was jedoch hier leider in keinem Steinbruch zu sehen ist.

Abb. 33 Blick vom Schorberg zur Ruine Olbrück

O 7a Lavabänke am Westhang des Humersberges
Hier sind in die Schlacken und Lapilli Bänke aus Basaltlava eingeschaltet. Sie sind nicht Teil eines Lavastroms, denn wenn die Lava im Schlot in solcher Menge aufgedrungen wäre, daß sie ausfließt, wäre sie an der Basis des Schlackenbaus ausgetreten und hätte hier einen Lavastrom oder eine Lavazunge gebildet. Die hier angeschnittenen dünnen Lagen von Basalt sind dadurch entstanden, daß aus dem Schlot große Lavatropfen ausgeworfen wurden, die beim Auftreffen auf den Abhang des Kegels noch flüssig waren und so miteinander verschweißten. Die Vulkanologie nennt sie Agglutinate (lateinisch agglutinare = zusammenkleben). Durch den Wechsel zwischen groben Schlacken, Lapilli- und Aschenschichten sowie Agglutinaten zeigt der Vulkan im Querschnitt einen geschichteten Aufbau. Früher sprach man dann von „Schichtvulkanen", heute bezeichnet man als Schicht- oder Stratovulkane große, aus Tuff und Lava wechselnd aufgebaute Vulkane wie z. B. Vesuv und Ätna.

O 8 Gipfel des Humersberges
Wie das in allen Steinbruchwänden nach außen gerichtete Einfallen der nur durch größere Bomben angedeuteten Schichtung anzeigt, dürfte der Schlotbereich des Vulkans etwa in der Mitte dieses Steinbruches gelegen haben. Einige der gasreichen Lavatropfen haben schon im Fluge eine Basalthaut gebildet und sind zu abgerundeten Bomben geworden. Manchmal ist die erstarrte Haut aufgeplatzt („Brotkrustenbomben"). Beim Aufprall kann eine solche Wurfschlacke, die noch nicht völlig erstarrt ist, abgeplattet werden oder fladenartig auseinanderfließen (die französischen Vulkanologen nennen solche Formen „bouses de vache" = Kuhfladen), oder die runzlige Haut zeigt, daß die Bomben im noch plastischen Zustand verdreht wurden. Die Schlacken sind hier abgebaut worden; das Material ist begehrt, hauptsächlich für den Straßen- und Wegebau.

Wir verlassen diesen Aufschluß und wenden uns nach rechts. Dann folgen wir dem Feldweg geradeaus. An seinem Ende biegen wir nach links und folgen der Markierung, die uns in ein Waldstück mit einem malerischen Tuffbruch führt.

O 9 Burgschafstall (Dr. L. Viereck)
Die dunklen Basaltlapilli-Schichten im unteren Teil der Abfolge sind der südliche Abschnitt eines breiten Tuffringes, dessen Schlot nördlich von hier, im Bereich der Senke südwestlich der Rottlandhöfe, d. h. im Bereich des Autobahnzubringers gelegen haben muß. Sie enthalten neben dichten, blasenfreien Basaltstückchen (Lapilli) und Kristallen kleine Bruchstücke von devonischen Sedimenten und von Phonolithtuffen, die also im Bereich des Ausbruchszentrums eine Decke gebildet haben müssen. Diese nach Süden einfallenden Schichten sind von der Verwitterung abgeschnitten worden, so daß der Außenhang des Tuffringes übersteilt wurde und nicht mehr seine ursprüngliche Kegeloberfläche erhalten ist. Dieser Aufschluß stellt in der gesamten Eifel eine Rarität dar, weil hier der Scheitelpunkt

eines Tuffringes exemplarisch schön aufgeschlossen ist. Das eindruckvollste Bild erhält man, wenn man vom linken Steinbruchrand an der Wand entlangschaut. Dann erkennt man, daß die in den Höhlen und direkt unter hellen, bankigen Tuffen nach links, d. h. nach Norden, einfallende Lapillischicht im Bereich der tiefen Verwitterungslöcher umbiegen und sich mit größerer Mächtigkeit nach rechts (nach Süden) einfallend fortsetzen. Dabei liegt der Scheitelpunkt jeder jüngeren Schicht weiter rechts, d. h. weiter entfernt vom Vulkanschlot. Dies und das Fehlen jeglicher Blasen in den Basaltlapilli sind charakteristisch für die Ablagerungen eines Tuffringes, die nicht wie in einem Schlackenkegel ballistisch transportiert, sondern als Folge von phreatomagmatischen Eruptionen (d. h. Wasser dringt in den Schlot eines Vulkans und verdampft explosionsartig) bodennah in gasreichen „base surges“ radial vom Vulkanschlot nach außen transportiert werden. Die dunklen Basaltlapilli-Schichten des Tuffringes werden parallel (d.h. konkordant; lat. concordia = Eintracht, Harmonie) überlagert von mehrere Meter mächtigen hellen Phonolithtuffen, die nach ihrem Mineralbestand zu Tuffen gehören, die von Schloten im Bereich des Riedener Kessels ausgeworfen wurden. Sie bestehen aus feinen Aschen und Bimslagen.

Jetzt gehen wir über den Wald- und Feldweg zur Teerstraße, der wir hinauffolgen, bis zur Bernhardskapelle, die daran erinnern soll, daß hier einst Bernhard von Clairvaux die Bürger von Kempenich zum Kreuzzug aufgerufen hat. Hinab nach Kempenich, wo gegenüber dem Sägewerk an der östlichen Umgehungsstraße (an der L 83) der nächste Aufschlußpunkt liegt:

O 10 Phonolith Kempenich

Hier ist von dem Kempenicher Bach ein großes Phonolithmassiv angeschnitten worden, das sich vom Engelner Kopf als 600 m breiter Kuchen, von dem mehrere Zungen ausgehen, bis Kempenich hinabzieht. Er bedeckt etwa 1 1/2 Quadratkilometer und bildet das größte Phonolithvorkommen der Eifel. Es ist nicht sicher zu entscheiden, ob die Schmelze aus einer langen Spalte herausgequollen ist, oder ob der Engelner Kopf das einzige Ausbruchszentrum ist, von dem ein Lavastrom bis Kempenich hinuntergeflossen ist. Da phonolithische Schmelzen relativ zäh sind, bilden sie nur selten solch lange Lavaströme. Das Gestein zeigt deutlich die Merkmale eines vulkanischen Gesteins: Der größte Teil der Schmelze konnte wegen der relativ raschen Abkühlung keine Kristalle mehr ausbilden, sondern ist als feinkörniges Gemisch erstarrt. Das bildet die Grundmasse, in der einige beim Aufstieg im Schlot gebildete Kristalle schwimmen. Diese zuerst ausgeschiedenen Kristalle sind hier Noseankristalle, millimetergroß, mit viereckigem Querschnitt, graubraun, oft mit weißer Rinde. Dieses Mineral, wie auch der weiße Leuzit, der hier ebenfalls kleine Einsprenglinge bildet, hat ähnliche Zusammensetzung wie die Feldspäte, nur weniger Kieselsäure als diese. Mit der Lupe kann man als weitere Einsprenglinge noch dunkle Körner sehen, die aus Biotit (einem Glimmer) oder Augit bestehen, ferner kann man Nadeln des glasklaren Sanidin (ein Feldspat) erkennen. Phonolith ist ein griechisches Wort, es bedeutet „Klingstein". Denn wenn wir das Gestein mit Hammer anschlagen, gibt es einen hellen Klang. Im Engeln-Kempenicher Phonolith sind Bruchstücke von Devonschiefern und dunkle basaltische Knollen, die aus dem Herd mitgeschleppt wurden, zu finden. Daß das Phonolithgestein hier z.T. kleinstückig zerfällt oder auch sich kugelig absondert, ist ein Zeichen dafür, daß wir uns hier am Rand des Lavastroms befinden. An Mineralien, die sich radioaktiv umwandeln, wurde durch Analyse der Umwandlungsprodukte das Alter des Gesteins bestimmt. Es beträgt etwa 320 000 Jahre.

500 m nördlich von hier liegt östlich der Straße nach Bad Neuenahr eine Filterfabrik, die Material aus einem Tuffring abbaut und verarbeitet. Wir besichtigen die kleine Anhöhe an ihrem Nordende; 400 m nördlich der Filterfabrik führt von der Straße ein Feldweg dahin.

O 11 Palagonittuffring

Nördlich von Kempenich bildet die „Lösch´s Nück" genannte Hügelgruppe den Erosionsrest eines alkalibasaltischen Tuffringes, dessen höchste Stelle die Höhe 479,4 bildet. Es ist noch ein Halbkreis vorhanden, in dem die Tuffschichtung nach außen gegen Osten einfällt. Der Westteil ist erodiert. Hier liegt das Tal des von Spessart und Hannebach herabkommenden Baches. Diese auch heute sumpfige Talung muß zur Ablagerungszeit der Pyroklastika ein See gewesen sein, der wahrscheinlich durch den damals das Tal blockierenden Phonolithrücken des Engelner Kopfes, der bis Kempenich hinabreicht, aufgestaut wurde. Wenn die noch heißen vulkanischen Aschen ins Wasser fallen, so nimmt das basaltische Glas Wasser auf und wandelt sich dabei zu einer helleren Glassubstanz um, die als Palagonit bezeichnet wird (nach dem Ort Palagonia auf Sizilien, wo man ein solches Material zuerst fand). Durch Neubildung von Zeolithen und Karbonaten werden die einzelnen Glaskugeln verkittet, deshalb sind Palagonittuffe relativ fest und werden gern als Baustein benutzt. Im Palagonittuff von Kempenich gibt es demzufolge mehrere kleine verlassene Steinbrüche. Palagonit hat in hohem Grad die Bereitschaft zu Ionenaustausch und kann deshalb zur Herstellung von Wasserfiltern verwendet werden. So findet sich am Südende des Tuffhalbkreises ein Steinbruch mit der Filterfabrik Lösch.

Aus dem Schlot sind nicht nur erbsengroße Lapilli (italienisch: Steinchen) ausgeworfen worden, sondern auch größere Gesteinsbruchstücke, die dann beim Aufprall die Tuffschichten eingedrückt haben.

Der Weg führt nun etwa 2 km durch die Felder bis zu einer Tuffgrube nördlich von Engeln. Diese Grube darf nicht betreten werden. Von der Straße an ihrem Rand läßt sich ihr Aufbau jedoch gut erkennen (**O 12**): Sie schneidet nach Westen einfallende basaltische Lapilli-Schichten an, die Teil eines Lapillikegels sind, dessen Basis mindestens 25 m unter unserem Standort gelegen haben muß. So viel tiefer hat auch die Landoberfläche gelegen, als der Vulkan tätig war. Sie war damals schon mit einer dünnen

Decke von Phonolithtuffen bedeckt. Der Vulkan wurde später weitgehend abgetragen, und es legten sich Schlacken und Lapilli des 300 m östlich gelegenen Schorberg-Vulkans darauf.

Der bewaldete Schorberg ist ein basaltischer Schlackenkegel, aus dem nach Osten auch ein Lavastrom geflossen ist. Die Petrographen nennen das Gestein des Schorbergs einen Leuzitit (Leuzit ist ein weißes Mineral aus der Gruppe der Feldspatvertreter mit der chemischen Formel $KAlSi_2O_6$), das der Lapillischichten aus der Tuffgrube einen Nephelinit (das hier häufige Mineral Nephelin gehört ebenfalls zu den Feldspatvertretern und hat die Formel $NaAlSiO_4$). Sowohl der in der Grube angeschnittene Lapillikegel als auch der Schorberg sind während der Tätigkeit des Rieden-Weiberner Vulkankomplexes entstanden. Die Grube mit ihren in die Tiefe hinabreichenden Schichten eines Vulkankegels zeigt deutlich, daß die heute hier ziemlich ebene Landschaft durch das Wechselspiel zwischen Vulkanismus und Abtragung mehrfach umgestaltet wurde.

Von der Nordostecke des Waldes am Engelner Kopf führt ein Weg etwa 200 m weit zu alten Steinbrüchen:

O 13 Phonolithsteinbruch Engeln

Hier wurde in geringem Umfang Phonolith zum Aufführen von Mauern in Engeln abgebaut. Jedoch ist das Material wegen seiner größeren Härte nicht so gut zu behauen wie z.B. der nahe Weiberner Tuff. Der Phonolith des 2 km nordöstlich von hier gelegenen Schellkopfes bei Brenk wird wegen seines hohen Gehaltes an Alkalien (9,10 % K_2O; 8,83 % Na_2O) als chemischer Rohstoff abgebaut; das Material wird für die Herstellung von Glas und von Glasfasern verwendet.

Vom Engelner Kopf zieht sich der Phonolith als etwa 600 m breiter Kuchen, von dem mehrere Zungen ausgehen, bis Kempenich hinab. Er bildet das größte Phonolithvorkommen der Eifel, da er eine Fläche von etwa 1 1/2 Quadratkilometern bedeckt. Es ist nicht zu entscheiden, ob die Schmelze aus einer langen Spalte herausgequollen ist oder ob der Engelner Kopf das einzige Ausbruchszentrum ist, von dem ein Lavastrom bis Kempenich hinabgeflossen ist.

Das Gestein zeigt gut die Merkmale eines vulkanischen Gesteins: Der größte Teil der Schmelze konnte wegen der raschen Abkühlung keine Kristalle mehr ausbilden, sondern ist als feinkörniges Gemisch erstarrt. Dieses bildet die Grundmasse, in der einige schon beim Aufstieg im Schlot, gewachsene Kristalle schwimmen. Die zuerst ausgeschiedenen Kristalle sind hier Noseankristalle, millimetergroß, mit viereckigem Querschnitt, graubraun, oft mit einer weißen Rinde. Dieses Mineral, wie auch der weiße Leuzit, der ebenfalls kleine Einsprenglinge bildet, hat ähnliche Zusammensetzung wie die Feldspäte, nur weniger Kieselsäure als diese. Mit der Lupe kann man ferner dunkle Körner sehen, die aus Biotit (einem Glimmer) oder Augit bestehen, außerdem kann man Nadeln des glasklaren

Sanidin (ein Feldspat) erkennen. Phonolith ist ein griechisches Kunstwort, es bedeutet „Klingstein“, wie schon an anderer Stelle erklärt. Wenn man das Gestein anschlägt, gibt es einen hellen Klang. Der Phonolith enthält Bruchstücke von Devonschiefern und dunkle basaltische Knollen, die aus dem Herd mitgeschleppt wurden. An sich radioaktiv umwandelnden Mineralien wurden durch Analyse der Umwandlungsprodukte das Alter des Engeln-Kempenicher Phonoliths bestimmt. Es beträgt ungefähr 320 000 Jahre.

Abb. 34 Luftbild des Laacher Sees

Route L Laacher See

Der 13 km lange Rundweg um den Laacher See beginnt an dem großen Parkplatz gegenüber dem Hotel „Waldfrieden“ nördlich des Sees. Das Laacher Becken mit den umgebenden Höhen ist eine vulkanische Landschaft, aber kein einheitlicher Krater. Es wird umgeben von verschieden alten Basaltvulkanen: im Westen der Laacher Kopf, im Norden der Veitskopf und der Nickenicher Hummerich, im Osten Heidekopf, Roter Berg, Krufter Ofen und Alte Burg, im Süden Wingertsberg und Thelenberg. Es kommen noch Basaltvulkane hinzu, die heute unter dem Seespiegel liegen. Hier an dieser Stelle lag vor der Entstehung des Laacher Sees die Wasserscheide zwischen dem Brohltal und dem Neuwieder Becken. Zwei Tälchen zogen von hier aus nach Süden in Richtung Mendig. Dieses Landschaftsbild veränderte sich vor etwa 13 000 Jahren sehr rasch, wahrscheinlich innerhalb weniger Tage: Im Nordteil des heutigen Seebeckens, dort, wo mit 51,1 m Wassertiefe dessen tiefste Stelle liegt, öffnete sich ein Schlot, der phonolithische Bimsmassen auswarf, so daß hohe Wälle entstanden und die Umgebung mit einer mehrere Meter hohen Bimsdecke überschüttet wurde. Feine Aschen wurden hoch hinauf geschleudert und durch Luftströmungen bis in den Ostseeraum und das Westalpengebiet verfrachtet, wo sie in Hochmoorablagerungen als millimeterdicke Schichten zu finden sind. Es quollen auch Aschewolken aus dem Schlot durch Täler in die Umgebung, ihre Ablagerungen werden im Rheinland Traß genannt. Sie sind besonders mächtig im Brohltal und in einem Seitental des Nettetals bei Kruft. Über dem rasch entleerten Herd brach die Erdkruste in einer 2 mal 3 km weiten Caldera ein, damit entstand der Laacher Kessel. Während der Eruptionen hat die aufsteigende heiße Gassäule heftige Gewitter ausgelöst, was zur Folge hatte, daß sich im Schlottrichter viel Niederschlagswasser sammelte. Durch dessen Kontakt mit dem heißen Gestein wurden sehr heftige Dampfexplosionen ausgelöst, die Material aus den Schlotwänden sprengten und so den Schlot erweiterten. Dadurch wurden in der näheren Umgebung des Laacher Kessels vulkanische Ablagerungen aufgeschüttet, die hauptsächlich aus Bruchstücken des devonischen Untergrundes bestehen. Das Seebecken wird von organischem Schlamm gegen den Untergrund abgedichtet. Durch Abflußstollen in der flachen Südumwallung wurde von den Laacher Mönchen der Seespiegel um etwa 10 m abgesenkt.

Der Laacher See und die ihn umgebenden Höhen stehen heute unter Naturschutz. Der See ist das größte natürliche stehende Gewässer des Rheinlandes. Er wird deshalb von vielen Sumpf- und Wasservögeln als Rastplatz während der Zugzeit aufgesucht. Da er nur in extrem strengen Wintern ganz zufriert, bietet er zahlreichen nordischen Vögeln ein Winterquartier.

Laacher See
Naturschutzgebiet
Maria Laach
Hotel Waldfrieden
Lydiaturm
Wald
Kurbüsch
Weygärten
Heimschule
Im Unselt
Bei der rechten Ende
Der Berg am Laach
Saustiebel
Staatsforst Andernach
Staatsforst
Alte Burg
Am Verbrannten
Krufter Ofen
Teufelskanzel
Seehotel
Kloster
Kläranl.
Laacher Kopf
Wehrer
Breitel
Fichten
Vierdümpel
Das Feld am Laach
Im Mohlenberg
Tuff
Bims
L 115
L 113
L 116
K 70
H 14
H 15
H 16
223,6
274,7
274,8
289,0
289,2
286,5
285,1
291,4
284,8
306,9
324,9
364,0
463,1
447,5
439,6
399,0
341,4
407,3
325,5
364,8
371,0
344,6
379,5
427,8
329,5
400,1
343,3
405,7
362,6
394,0
442,9
373,2
261,1
275,5
285,5

Route L = Laacher See

Nach etwa 200 m auf der Route hat man einen sehr schönen Blick über den ganzen See. Über dem Kloster links der Thelenberg (Basaltschlackenkegel), im Hintergrund das Dorf Bell, dahinter die Basaltschlackenkegel Hochstein (links) und Hochsimmer (rechts). Der Weg führt in einem Tälchen, in dem wahrscheinlich einer der Randbrüche der Caldera liegt, hinab zum Seeufer, dem er dann folgt. Etwa 5 m über dem Seespiegel fällt eine breite Verebnung auf; diese Uferterrasse zeigt den Seespiegel bis zu dessen Tieferlegung in der Mitte des vorigen Jahrhunderts an. Um das Kloster vor Hochwasser zu schützen und Acker- und Weideland zu gewinnen, wurde der Seespiegel zweimal um je etwa 5 m abgesenkt, indem Abzugsstollen durch die niedrige Südumwallung getrieben wurden. Die erste Absenkung erfolgte schon im 12. Jahrhundert, die zweite im vorigen Jahrhundert. Der Uferrand vor der ersten Absenkung ist stellenweise auch noch als Gefällsknick im Hang sichtbar. Näheres zur Absenkung des Seespiegels bei Punkt L 9.

L 1 Zur Bleichen Erde

Hier treten in der Wand des Laacher Kessels unterdevonische Gesteine zutage. Es sind Sandsteine und Siltsteine der Mittleren Siegen-Schichten. Sie sind mit etwa 70° nach Südosten geneigt (der Geologe sagt: sie fallen mit 70° nach Südosten ein). In den Siltsteinlagen zwischen den Sandsteinbänken sind engständige Flächen sichtbar, die etwa vertikal stehen und das Gestein in dünne Platten zerlegen. Sie werden als Schieferungsflächen bezeichnet. Diese Schieferungsflächen liegen den Achsenebenen der Fal-

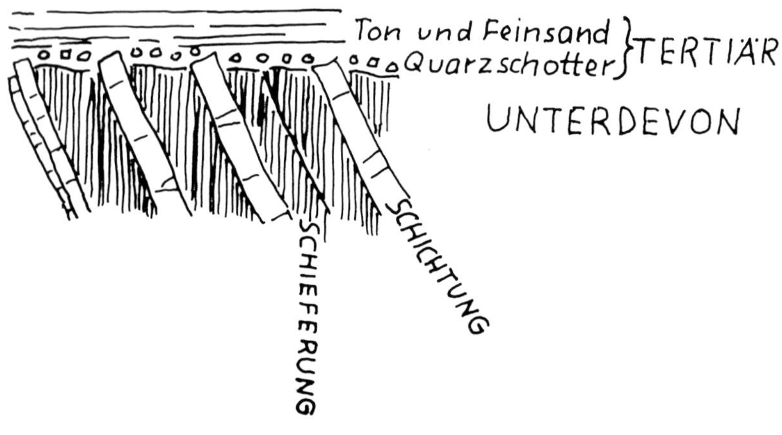

Abb. 35 Der Aufschluß Bleiche Erde am Nordostufer des Laacher Sees

ten parallel. Da sie hier senkrecht stehen, haben wir den Südostflügel eines symmetrischen Sattels vor uns; sein Gegenflügel muß nordwestlich von hier liegen. Er ist von Bims überdeckt. Solche Falten mit gleich-steilen Faltenflügeln sind für das Gebiet zwischen Brohltal und Laacher See typisch.

Das Faltengebirge wurde eingeebnet und vor etwa 30 Millionen Jahren, in der Tertiärzeit, von Flüssen überspült, die weiße Quarzschotter ablagerten. Darüber setzten sich rötliche bis weißgraue Tone und Feinsande ab in einem ausgedehnten Seebecken, welches das Neuwieder Becken und angrenzende Gebiete überdeckte. Links über der Felswand sind noch Reste der Quarzschotter zu sehen. Von den Tonen sind auch nur Reste übriggeblieben, da man sie besonders im 18. Jahrhundert abgebaut hat. Es wurden daraus u.a. Tabakspfeifen hergestellt und große Tonkrüge, in denen man das Tönissteiner Mineralwasser verschickte.

L 2 Unterdevonfelsen

Hier treten ebenfalls unterdevonische Gesteine (Mittlere Siegen-Schichten) als Sandsteine und Siltsteine zutage. Die Schichten stehen steil, und die Schieferungsflächen sind nach Nordwesten geneigt (sie fallen nach Nordwesten ein, wie der Geologe sagt). Diese Lage ist ungewöhnlich, denn die Schieferungsflächen sind in diesem Gebiet sonst immer nach Südosten geneigt oder stehen senkrecht, wie beim Unterdevonaufschluß des Punktes L 1. Eine solche abnorme Lage ist ein Zeichen dafür, daß wir uns dicht unter einer großen Überschiebungszone befinden. Es ist die Siegener Hauptüberschiebung, eine große Verschiebungszone, die von Siegen bis in die Gegend von Gillenfeld in der Westeifel das Rheinische Schiefergebirge durchzieht. Durch die Bewegungen auf dieser großen Störungsfläche sind die an sie nordwestlich angrenzenden Gesteine in diese unnormale Lage gedreht worden. Die Überschiebungszone selbst ist nicht aufgeschlossen, sie liegt wenige Meter südlich von hier unter Bims verdeckt.

L 3 Kohlendioxid-Quellen

Hier auf dem Randabbruch des Laacher Kessels steigt Kohlendioxid-Gas auf. Es tritt im Waldboden als Gas aus. Besonders deutlich sind die Gasaustritte im flachen Wasser; bei ruhigem Wasserspiegel sind die perlenden Gasblasen gut zu sehen und zu hören. Im Winter bleiben über den Gasaustritten kreisrunde Löcher im Eis offen.

Der Streifen, in dem das Gas austritt, ist einige hundert Meter lang und sowohl südlich als auch nördlich vom Lorenzfelsen (L 4) ausgedehnt. Die Intensität der Gasaustritte verändert sich von Zeit zu Zeit innerhalb dieses Streifens, wahrscheinlich setzen sich die Aufstiegsspalten stellenweise vorübergehend durch Schlamm zu.

L 4 Basaltlavastrom des Lorenzfelsens

Vor dem Ausbruch des Bimsvulkans und dem Einbruch des Laacher Kessels hat hier schon ein Tal bestanden, in das der Basalt-Lavastrom des Lorenzfelsens, dessen unter der mächtigen Bimsdecke verborgene Aus-

Abb. 36 Über den Kohlendioxid-Quellen bleiben Löcher im Eis, Februar 1980

bruchsstelle östlich von hier auf der Höhe liegen muß, hinabgeflossen ist. Das Gestein wird von den Petrographen als Leuzit-Nephelinit bezeichnet. Die Schmelze ist nicht so gasreich gewesen, wie bei anderen Lavaströmen im Laacher Vulkangebiet. Deshalb ist das Gestein dicht und zäh, so daß in der Steinzeit Hämmer daraus hergestellt wurden, mit denen man die weicheren schaumigen Basaltlaven bearbeiten konnte. Wegen der Steilheit des Ufers ist hier nur eine schmale, lückenhafte Verlandungszone ausgebildet mit etwas Schilf und Herden von Seebinsen (Schoenoplectus lacustris), deren runde mit Mark gefüllte Stengel 3 m Höhe erreichen können.

L 5 Kleiner Aschestrom

Hier ist ein kleiner Aschestrom angeschnitten. Neben den mächtigen Ascheablagerungen, wie sie im Brohltal und in einem Seitental des Nettetals bei Kruft erhalten geblieben sind, gibt es mehrere kleinere Aschströme, die in die Bimsablagerungen eingeschaltet sind.

L 6 Alter Steinbruch in rötlicher Asche

Zu einem kleinen Aschestrom gehört auch dieses Vorkommen östlich

Abb. 37 Alter Steinbruch im rötlichen Aschestrom oberhalb der Alten Burg östlich des Laacher Sees

oberhalb der Alten Burg. Die Asche ist hier rötlich gefärbt. Das Material wurde schon im Mittelalter abgebaut und zur farblichen Gliederung von Fassaden verwendet. Auch an der Abteikirche Maria Laach und am Laacher-See Hotel ist dieser „Rote Laacher Tuffstein“ verbaut worden.

L 7 Schlackenkegel „Alte Burg „

Die als Jägerspitze bezeichnete kleine Halbinsel ist der östliche Teil eines Basaltschlackenkegels. Hier stand einst die Burg des Pfalzgrafen Heinrich II. bei Rhein, des Stifters der Abtei Maria Laach. Der seewärts gelegene Teil des Vulkans ist entweder beim Einbruch der Caldera abgesunken oder durch die Bims-Eruptionen weggesprengt worden. Der Steinbruch zeigt deutlich den Aufbau eines Schichtvulkans: in die roten Basaltschlacken sind kleine graue Lavabänke eingeschaltet, die aus größeren ausgeworfenen Lavatropfen zusammengeschweißt wurden. Rechts oben werden die Schlacken von Löß überlagert, auf ihm liegen weiße Bimsschichten. Der „Alte-Burg“-Vulkan ist also älter als die Laacher Bimseruptionen.

L 8 Alte Bimsgrube

Diese kleine Grube gibt uns Einblick in die als Weißer Bims bezeichneten Förderprodukte des Laacher-See-Vulkans. Dessen phonolithische Schmelze war sehr gasreich. Die entweichenden Gasblasen wurden in dem rasch erstarrenden Gestein eingeschlossen, so entstanden die leichten Bimssteine. Die Bimsstücke enthalten u.a. den glasklaren Feldspat Sanidin und Körner des tiefblauen Hauyn. Aus dem Herd wurden auch Gesteine ausgeworfen, die fast ganz aus Sanidin bestehen (Sanidinit). Man kann auch

Abb. 38 Im Verlandungsgürtel am Südende des Laacher Sees blüht die Wasserschwertlilie (Iris pseudacorus)

Stücke von unterdevonischen Gesteinen aus dem Herddach und metamorphe Gesteine aus dem vordevonischen Sockel finden.

In der kleinen Grube hier wurde Bims nur als Schottermaterial abgebaut. Nachdem 1845 der Bauinspektor Ferdinand Nebel in Koblenz das Verfahren entwickelte, durch Zusatz von Kalkmilch die Bimskörner zu Bausteinen zusammenzubacken, wurde der Bims im ganzen Neuwieder Becken großflächig abgebaut. Die leichten porösen Bimsbausteine setzten sich im Rheinland rasch gegen Ziegel und Bruchsteine durch. Heute sind die Bimsvorräte nahezu erschöpft.

Der Weg führt nun durch das breite Wiesengelände südlich des Laacher Sees. Da dessen Südufer sehr flach ist, hat sich ein breiter Verlandungsgürtel entwickelt. Aus dem Röhricht leuchten Anfang Juni die gelben Blüten der Wasserschwertlilie (Iris pseudacorus). An die Röhrichtzone schließt sich seewärts ein Bereich mit Schwimmblattpflanzen wie Seerose (Nymphaea alba), Teichrose (Nuphar luteum) und Laichkräutern an. Dieser Verlandungsgürtel ist abgezäunt, er darf nicht betreten und vom See her auch nicht mit Booten befahren werden, um die Vegetation nicht zu beschädigen und die brütenden Sumpfvögel (Haubentaucher, Stockente, Teichhuhn, Bläßralle, Teichrohrsänger, Rohrammer u.a.) nicht zu stören.

L 9 Mundloch des Abflußstollens

Ursprünglich reichte der See bis nahe an die Abtei heran; er kann bei hohen Wasserständen bis 15 m über den heutigen Seespiegel hinauf gereicht haben. Um die Abtei vor Hochwasser zu schützen und Land zu gewinnen, ließ schon der zweite Abt des Klosters, Fulbert, zwischen 1152 und 1170 einen etwa 880 m langen Abzugstollen durch die südlichen Randberge des Laacher Beckens graben. Der Stollen wurde dadurch hergestellt, daß von der Oberfläche her Schächte bis auf das angestrebte Stollenniveau getrieben wurden, von denen aus nach beiden Seiten der Stollen gegraben wurde, bis man auf das vom Nachbarschacht aus getriebene Stollenstück traf. Da man noch keinen Kompaß benutzte, mußten manchmal kleine Richtungsfehler korrigiert werden. Dieser Tunnel stellt eine bewundernswerte Ingenieurleistung des Mittelalters dar. Seinen Verlauf konnte der Bonner Archäologe Klaus Grewe genau rekonstruieren. Die Stolleneingänge sind zugefallen und nicht mehr sichtbar.

Um Acker- und Weideland zu gewinnen, wurde zwischen 1842 und 1845 der Seespiegel noch einmal durch einen etwa 1060 m langen Abzugstollen gesenkt. Der seewärtige Stolleneingang liegt 30 m nördlich von hier. Der Stollen hat ein Gefälle von 1,2 °/oo und speist einen Teich, dessen Wasser die Laacher Mühle (an der Straße nach Mendig) nutzte.

Der Weg führt nun auf das Kloster zu.
Beim Bau der Abteikirche sind die Farbunterschiede der vulkanischen Bausteine bewußt zur Auflockerung der Wandflächen verwendet worden: So findet man den weißlichen Traß, der von Aschenströmen des Laacher-See-Vulkans entweder aus dem Brohltal oder aus der Gegend von Kruft stammt. Etwas mehr gelbliche Phonolithtuffe kommen aus der Umgebung des Riedener Kessels oder von Weibern. Als buntfleckig durch mannigfache Einschlüsse fällt der Ettringer Phonolithtuff auf, der westlich von Bell zu finden ist. Der rötliche Tuff entstammt einem lokalen Aschevorkommen oberhalb der „Alten Burg" in der Ostumwallung des Seebeckens (L 6); er ist in größerem Maße am Laacher Seehotel verwendet worden. An der Abteikirche bestehen die schwarzen Säulen und Lisenen aus poröser Basaltlava entweder von Mayen oder Mendig. Die schwarzen Säulen in dem kleinen Vorbau, dem „Paradies", sind allerdings aus der Ferne herangeschafft worden. Sie bestehen aus dem unterkarbonischen Kohlenkalk, wie er zwischen Aachen und Lüttich zu finden ist; man sieht Querschnitte von Korallen. Die dunkelgrauen Dachschiefer sind auch keine vulkanischen Gesteine, sie stammen aus dem unterdevonischen Hunsrückschiefer, der noch heute südlich von Mayen abgebaut wird. Die wichtigsten Bausteine aus dem gesamten Osteifel-Gebiet sind an der Westseite der Klostermauer aufgestellt und durch Tafeln erläutert worden **(L 10)**. Man geht an dieser sehr lehrreichen Sammlung vorbei, wenn man vom Kloster zum St. Winfried-Haus geht, zu einem ebenfalls sehr sehenswerten Naturkunde-Museum mit biologischen und geologischen Informationen.

Aus dem Kloster Maria Laach kamen auch immer wieder Beiträge zur naturwissenschaftlichen Erforschung der Region, so von dem Jesuitenpater L. Dressel mit einer „Geognostisch-geologischen Skizze der Laacher Vulkangegend" (Münster 1871), von dem Benediktinerpater Michael Hopmann mit mehreren Arbeiten zur Mineralogie und Geologie; besonders

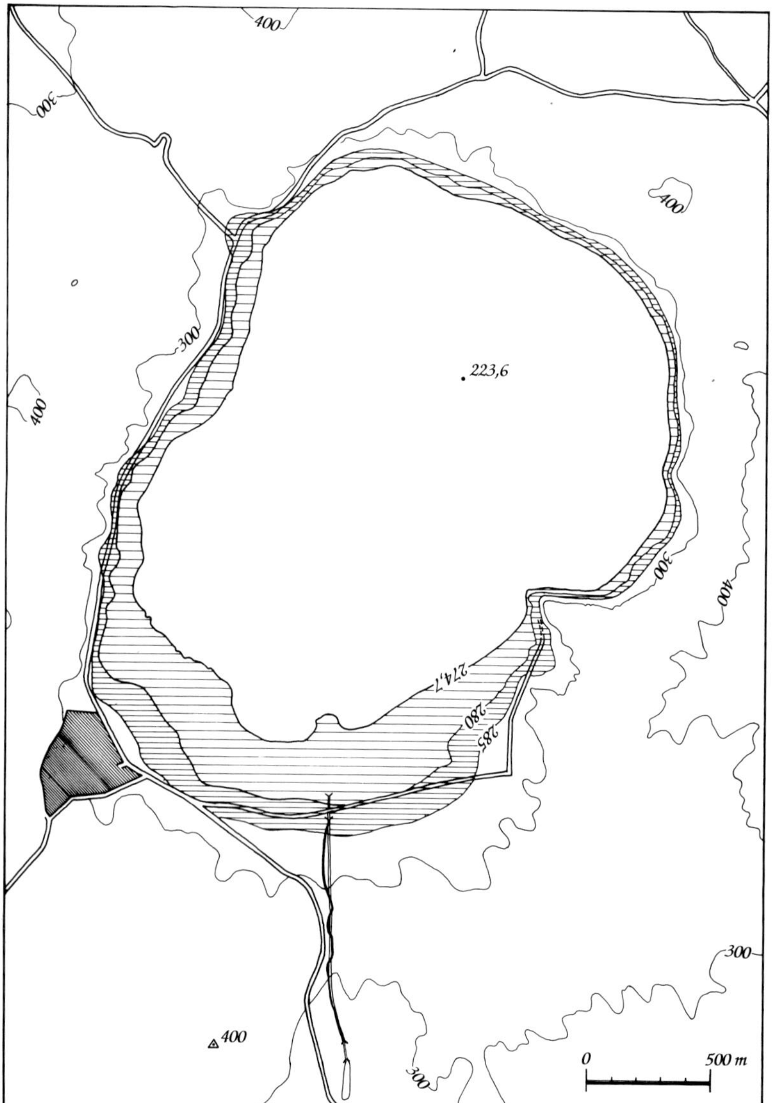

Abb. 39 Karte mit der Ausdehnung des Laacher Sees vor den beiden Seespiegelabsenkungen. Lage der Abflußstollen nach K. Grewe

Abb. 40 Die Gleeser Felder nördlich Maria Laach von Süden aus. Hier sind im Außenhang des Bimswalles in die noch unbewachsenen Aschen Erosionsfurchen hineingewaschen worden.

hervorgehoben sei seine Schilderung der Laacher Vulkane in dem Buch von Hopmann, Frechen, Knetsch (1959). Der Jesuitenpater Theodor Wolf hat 1868 handschriftlich eine „Flora von Laach" angefertigt, die als Faksimile vor einigen Jahren gedruckt wurde. Mit biologischen Fragen hat sich auch der Benediktinerpater Gilbert Rahm beschäftigt (u.a. 1923, 1926).

Zur Fortsetzung des Rundgangs gehen wir durch die Straßenunterführung beim Seehotel und dann links Richtung Bootsverleih. Kurz davor biegen wir auf den neu gemachten Rundweg.

L 11 Sauerbrunnen

In der Brunnenfassung auf der Wiese ist einer der in den Vulkangebieten der Eifel so häufigen Säuerlinge gefaßt worden. Unter den jungen Vulkanfeldern gibt es in der Tiefe noch Magmenkörper, die beim Erkalten Kohlendioxidgas abgeben, das auf Spalten und Klüften nach oben steigt. Es tritt entweder direkt als Gas aus, wie wir es am Ostufer des Sees gesehen haben (L 3). Meist gelangt es aber in das Grundwasser, wird dort gelöst und kommt als Kohlensäure in Quellen an die Oberfläche. Wenn mehr als 1 g Kohlendioxid im Kilogramm Wasser gelöst sind, nennt man dieses einen Säuerling (Sauerbrunnen).

Der Weg führt nun am Westufer des Sees entlang und erreicht kurz nördlich der Straßenabzweigung nach Glees eine Basalt-Felswand.

L 12 Basaltlavastrom des Veitskopfes

Die hier angeschnittene Basaltlava entstammt dem einige hunderttausend Jahre alten Kraterwall des Veitskopfes. Von ihm gehen drei Lavaströme aus: der größte hat sich auf der Hochfläche nordwestlich des Vulkans ausgebreitet (vgl. U 11); neben ihm schnitt sich später das Gleeser Tal ein. Nach Süden sind zwei kleinere Lavazungen ausgeflossen. Eine tritt weiter oberhalb an der Straße etwa auf halbem Wege zwischen hier und der Abzweigung auf der Höhe zutage. Die hier angeschnittene Lavazunge reicht jenseits der Straße noch tiefer hinab bis in ein Niveau 10 m über dem Seespiegel. Im Vergleich zu den beiden anderen Lavaströmen liegt sie also viel zu tief. Sie ist beim Einbruch des Laacher Kessels abgesenkt worden. Die blasige Lava wurde auch als Werkstein verwendet. Sie ist petrographisch als Basanit zu bezeichnen. An Mineralen sind Olivin, Augit und Biotit zu erkennen.

Der Weg führt nun etwa 500 m parallel zur Straße nach Glees bis zu deren höchstem Punkt (dem Gleeser Sattel) und wendet sich dann nach Osten in Richtung Hotel Waldfrieden. 300 m nördlich vom Parkplatz am „Waldfrieden" liegt westlich der Straße nach Brohl gegenüber dem Sportplatz Wassenach eine alte Sandgrube (L 13).

Hier sind die jüngsten Förderprodukte des Laacher-See-Vulkans abgebaut worden. Während der Eruption des Weißen Laacher-See-Bims stieg eine heiße Gassäule mehrere Zehntausend Meter hoch auf. Sie löste in der Atmosphäre Gewitter aus, die zu heftigen Regenfällen führten. So sammelte sich im Bereich des Schlottrichters schnell viel Wasser, das in den Schlot hineinlief und hier mit dem noch heißen Gesteinsmaterial in Berührung kam. Dadurch wurden sehr starke Dampfexplosionen ausgelöst, die Gestein aus den Wänden des Schlotes sprengten und ihn so erweiterten. Dabei wurden die unmittelbaren Randhöhen des Laacher Kessels mit Lockermassen überschüttet, die hauptsächlich aus Fragmenten devonischer Gesteine bestehen. Bimsstücke sind seltener; daneben gibt es auch Basaltstücke, die aus Lavaströmen vom Boden des Laacher Kessels stammen und metamorphe Gesteine aus dem Sockel des Schiefergebirges. Die Explosionen waren demnach so heftig, daß sie Gesteinsmaterial aus Tiefen von mehreren Kilometern heraufrissen. Solche durch Wasser beeinflußten vulkanischen Explosionen (sie werden als phreatische Eruptionen bezeichnet, nach dem griechischen Wort phreatia = Wasserbehälter) lösen flach über dem Erdboden sich rasch ausbreitende Eruptionsstöße aus, die das Gesteinsmaterial zu dünenartigen Rücken aufhäufen. Solche Dünen

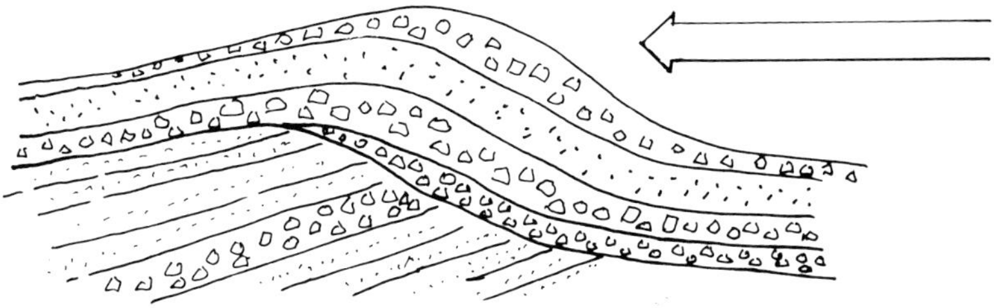

Abb. 41 Dünenstrukturen in den jüngsen Förderprodukten des Laacher-See-Vulkans. Der Pfeil zeigt die Transportrichtung

sind am oberen Rand der Grube zu sehen. Wegen der Seltenheit von Bimsstücken läßt sich das Material nicht zu Leichtbausteinen verarbeiten, sondern nur zum Schottern verwenden.

Zuletzt kann man noch den **Lydiaturm (L 14)** besteigen und sich einen Rundblick über den Laacher See und seine Umgebung verschaffen. Am Turm ist eine Gedenktafel für Johann Jakobs (1868 - 1914) angebracht. Er war von 1905 bis 1914 Lehrer in Brohl und hat sich um die Heimatkunde des Gebietes sehr verdient gemacht. Die Geologie verdankt ihm auch einen geologischen Wanderführer durch das Laacher Vulkangebiet (1913).

Ergänzung von Seite 64:

Blick nach Norden: das Vinxtbachtal. Im Gebiet der Verbandsgemeinde Brohltal entspringt ein weiterer Bach, der ein bedeutendes Osteifeltal eingetieft hat, nämlich der Vinxtbach. Er ist bei den Historikern und Ethnologen berühmt, da er im Römischen Reich die Grenze zwischen Ober- und Niedergermanien bildete; gegenüber seiner Mündung begann südlich von Bad Hönningen der Limes, der auch rechtsrheinische Gebiete in das Römische Reich einbezog. Auch als Sprachgrenze ist er wichtig. Aber auch für den Geologen ist das Vinxtbachtal reizvoll:

Im Schiefergebirgstockwerk wird dieser Bereich durch den großen Osteifeler Hauptsattel bestimmt, in dem Untersiegen-Schichten zu Tage treten. Sie sind an der Mündung des Tales bei Rheineck in großen Steinbrüchen erschlossen; hier gibt es Lagen, die reich an Pflanzenfossilien sind. Auch Erzgänge sind vom Vinxtbachtal freigelegt worden: die „Nibelungenzeche“ baute östlich von Gönnersdorf Bleierze ab. Das Stockwerk der Tertiärablagerungen ist in der Umgebung des Vinxtbaches schon weitgehend abgetragen. Es ist möglich, daß einige Quarzschotter in der Nähe von Waldorf tertiärzeitliches Alter haben. Jedoch finden sich einige tertiäre Basaltvorkommen im oberen Vinxtbachgebiet; es sind die beiden Vorkommen Steinbüschelchen südlich Königsfeld und der Basaltschlot nordöstlich vom Leyerhof (östlich Königsfeld). Der Schwerpunkt des eiszeitlichen Vulkanismus lag südlich vom Vinxttal; aber der 3,5 km lange Basaltlavastrom des Bausenbergs ist in einem Nebentälchen bis ins Vinxtbachtal geflossen. Seine Stirn liegt hier auf einer Mittelterrasse in Gönnersdorf. Die heutige Eintiefung des Vinxttales, wie sie im Bereich der Autobahnbrücke besonders auffällig ist, erfolgte hauptsächlich in den letzten 700.000 Jahren der Erdgeschichte.

Ein geologischer Lehrpfad macht mit interessanten Punkten in diesem Bereich bekannt.

Wie kann ich mich mit Geologie beschäftigen?

Vielleicht hat in dem einen oder anderen Besucher die Wanderung durch eine so augenfällig von ihrer geologischen Geschichte geprägte Landschaft den Wunsch geweckt, sich selbst auch aktiv mit Geologie zu beschäftigen. Kann man das überhaupt so ohne weiteres oder muß man dazu jahrelang studieren und zentnerweise Bücher lesen? Wenn man Geologie als Beruf betreiben will, muß man das natürlich tun, und ein guter Geologe muß über eine reichliche Portion Vorstellungsgabe verfügen, denn er soll aus einem Mosaik, in dem viele Steinchen schon fehlen und das vielleicht in mehreren Arbeitsgängen zusammengefügt wurde, Vorgänge rekonstruieren, von denen keine menschlichen Zeugnisse vorliegen, weil sie vor vielen Millionen von Jahren abliefen. Das liest sich nun nicht gerade wie eine Ermunterung! Und doch kann man an der Beschäftigung mit geologischen Fragen viel Freude haben, auch wenn man keine solche Ausbildung absolviert und die Sache nur als Liebhaberei betreibt. Dazu hier einige Anregungen:

Wir sehen, wie bei Hochwasser ein Bach Bäume mitreißt, wie selbst kleine Rinnsale am Rande des Ackers tiefe Furchen graben und das Erdreich wegführen - mit einem Mal begreifen wir, wie unsere Täler entstanden sind. Wenn wir auf der Karte an den Höhenlinien ermitteln, daß sich das Brohltal zwischen dem Jägerheim und der Schweppenburg 150 m tief eingeschnitten hat, ahnen wir, daß riesige Zeiträume vergehen müssen, bis eine so tiefe Talschlucht in das harte Gestein eingegraben ist. Wir sehen am Rheinufer oder in Bächen, wie in abgeschnürten Becken sich feiner Schlick absetzt, im Bereich langsam fließenden Wassers Sand und wie Gerölle nur von der starken Strömung transportiert werden; nun bekommt der Wechsel zwischen tonigen und sandigen Gesteinen für uns neue Bedeutung. Die Gerölle im Bachgrund werden zugerundet, indem sie sich aneinander reiben, wir hören, wie sie aneinander gestoßen werden. Wir können an den Talhängen widerstandsfähige Gesteine, die Felsrippen bilden (Sandsteine, Quarzite) von weichen Schiefern, die in kleinen Scherben zerfallen unterscheiden und verstehen mit einem Mal, wie diese Gesteinsunterschiede die Entstehung der Landschaft prägen müssen.

So sind wir schon mitten in geologischen Problemen, wenn wir nur offenen Auges durch die Landschaft gehen und zu rekonstruieren versuchen, wie das entstanden sein mag, was wir sehen. In der Tasche haben wir ein Notizbuch mit weißen oder karierten Seiten und festem Deckel und notieren unsere Beobachtungen, wobei wir nicht vergessen, die Stelle genau zu lokalisieren, an der wir unsere Beobachtungen machten. Vielleicht haben wir auch eine Karte 1 : 25.000 oder 1 : 50.000 bei uns (am genauesten sind die amtlichen, von den Landesvermessungsämtern herausgegebenen Karten; aus diesen Karten zusammengezeichnete „Wanderkarten", die oft angeboten werden, sind für geologische Studien meist zu ungenau). In sie können wir den Punkt eintragen mit einer Nummer, die wir auch in unser Notizbuch übertragen.

Wir können manche Gesteinsanschnitte oder Landschaftsformen fotografieren. Bei manchen Anschnitten werden wir von den Fotos enttäuscht sein, wenn Strukturen nicht so gut sichtbar sind, wie wir es in Erinnerung haben, weil z.B. vorspringende Kanten Schlagschatten geben, die ein unruhiges Hell-Dunkel erzeugen. Solche Aufschlüsse (so nennen die Geologen alle Stellen, an denen das Gestein nicht durch Bodendecke und Pflanzenwuchs verhüllt ist) kann man nur gut durch eine Zeichnung wiedergeben. Also stecken wir auch Zeichenblock, Bleistift, Radiergummi und Dreieck mit Millimetereinteilung in den Rucksack, dazu einen Zollstock. Denn wir wollen die geologischen Strukturen maßstabsgetreu aufnehmen. Wenn es ein längerer Anschnitt ist, z.B. die Auflagerung des Traß auf Unterdevon-Gesteinen hinter der Kurklinik Bad Tönisstein (U 3), so mißt man die Strecke aus und markiert die Meterabstände durch Steine, wählt einen Maßstab, in dem alles auf das Zeichenblatt paßt und trägt dort die Meßstrecke auf. Man mißt mit dem Zollstock auch jeweils die Höhen und überträgt sie maßstabsgerecht in die Zeichnung. Man sollte nur Linien zeichnen, also die Schicht- und Kluftflächen der Devongesteine und die Schichtflächen und die Lagen von Bimsstückchen im Traß. Schraffuren sollten vermieden werden und auch nicht der Versuch gemacht werden, das Ganze perspektivisch zu zeichnen. Wir projizieren vielmehr alles, auch zurückspringende Partien der Aufschlußwand, auf eine Zeichenebene. Das genaue maßstäbliche Zeichnen zwingt uns zum genauen Hinsehen und ist deshalb eine wichtige geologische Arbeitsmethode. Wenn wir Gesteinsproben mitnehmen, schreiben wir auf einem Zettel den genauen Fundort auf und wickeln die Probe dann mit dem Zettel in Zeitungspapier, ehe wir sie in den Rucksack packen. Wir wollen niemals die Steine lose transportieren, so daß sie sich gegenseitig zerkratzen und schließlich auch unsere Taschen durchlöchern. Wir sollten dabei bedenken, daß wir von geologischen Naturdenkmälern oder in Naturschutzgebieten keine Steine abschlagen dürfen. Wenn wir die Mineralien in vulkanischen Gesteinen sehen wollen, müssen wir eine Lupe von etwa 10facher Vergrößerung benutzen; wir müssen mit einem Hammer einStück abschlagen, damit wir das frische Gestein betrachten können. Wenn wir uns auf diese Weise eine Zeitlang mit geologischen Phänomenen beschäftigt haben, wird der Wunsch auftauchen, sich in Schriften weiter zu informieren; das Literaturverzeichnis in diesem Buch nennt einige Titel für den Einstieg. Wer den Kontakt zu Gleichgesinnten sucht, sei auf die „Vereinigung der Freunde der Mineralogie und Geologie" hingewiesen, die eine zweimonatlich erscheinende Zeitschrift „Der Aufschluß" herausgibt, in der mineralogische, paläontologische und geologische Fragen behandelt werden (Geschäftsstelle: Blumenthalstr. 40, 69120 Heidelberg). Diese über 5000 Mitglieder starke Vereinigung unterhält Bezirksgruppen, die Vorträge, Exkursionen, manchmal auch Bestimmungskurse veranstalten und wo der Anfänger Hilfe bei der Bestimmung von Fundstücken und mannigfachen Rat beim Einstieg in die Fachliteratur bekommt. Hier seien die Anschriften von zwei unserem Gebiet am nächsten liegenden Bezirksgruppen genannt: Bezirksgruppe Bonn. Leiter Rudolf Thomas, Rennenbergstr. 48, 53639 Königswinter; Bezirksgruppe Mittelrhein, Leiter Bolko Cruse, Moselweißer Str. 1, 56073 Koblenz. Wer sich mehr für Paläontologie interessiert, findet in der zweimonatlich erscheindenen Zeitschrift „Fossilien" sehr wertvolle Anregungen und viele Artikel, die auch auf die Bedürfnisse von Anfängern eingehen (Goldschneck-Verlag, W.K. Weidert, PF 1265, 71399 Korb).

Um Gesteine und Mineralien kennenzulernen und sich über Geologie zu informieren, ist der Besuch von Museen mit geowissenschaftlichen Sammlungen empfehlenswert. Aus der Umgebung sind zu nennen:

Mineralogisch-Petrologisches Museum der Universität, Poppelsdorfer Schloß, Bonn; Mi 15$^{\circ\circ}$-17$^{\circ\circ}$, So 10$^{\circ\circ}$-12$^{\circ\circ}$

Goldfuß-Museum für Paläontologie der Universität, Nußallee 8, Bonn, Mo-Fr 9$^{\circ\circ}$-16$^{\circ\circ}$, So 13$^{\circ\circ}$-17$^{\circ\circ}$.

Siebengebirgsmuseum, Kellerstr. 16, Königswinter, Di, Do, Fr, Sa, 14$^{\circ\circ}$-17$^{\circ\circ}$, Mi 14$^{\circ\circ}$-19$^{\circ\circ}$, So 11$^{\circ\circ}$-17$^{\circ\circ}$ (vom 16.10-31.3. Mi 14$^{\circ\circ}$10$^{\circ\circ}$, Sa u. So 14$^{\circ\circ}$-17$^{\circ\circ}$

Naturkundemuseum am Laacher See tägl. von 9.30 - 18$^{\circ\circ}$ (1.11. - 28.2. nur bis 17$^{\circ\circ}$)

Eifeler Landschaftsmuseum, Genovevaburg, Mayen Di-Fr 10-12.30, 14$^{\circ\circ}$-17$^{\circ\circ}$, Sa, So u. Feiertage 11$^{\circ\circ}$-17$^{\circ\circ}$

Deutsches Vulkanmuseum, Brauerstraße 10, 56743 Mendig (Besichtigung nach telef. Vereinbarung, Tel 02652-3482 o. 3654

Museum für Archäologie des Eiszeitalters, Schloß Monrepos, Niederbieber-Segendorf, tägl. außer Mo von 9$^{\circ\circ}$-17$^{\circ\circ}$, Nov. - März nur Mi, Sa, So 10$^{\circ\circ}$ - 17$^{\circ\circ}$

Literatur

Ahrens, W. (1930): Geologisches Wanderbuch durch das Vulkangebiet des Laacher Sees in der Eifel. 87 S., 16 Abb.; Stuttgart (Enke).

(1936): Erläuterungen zur Geol. Kte. v. Preußen u. benachb. dt. Ländern. Bl. Burgbrohl. - 51 S., 5 Tab.; Berlin

Bednarz, U. & Schmincke, H.-U. (1991): Evolution of the Quaternary melilite-nephelinite Herchenberg volcano (East Eifel),-Bull. Volcanol. 52, S. 426-444, 20 Abb., 1 Tab., Heidelberg.

Binsfeld, W. et al. (1977): Südwestliche Eifel.-Führer zu vor u. frühgeschichtl. Denkmälern, 33, 341 S., Mainz (v. Zabern).

Bogaard, C.v.d. Bogaard, P.v.d. & Schmincke, H.-U. (1989): Quartärgeologisch-tephrostratigraphische Neuaufnahme und Interpretation des Pleistozänprofils Kärlich.-Eiszeitalter u. Gegenwart, 39, S. 62-68.

Bosinski, G. (1992): Eiszeitjäger im Neuwieder Becken.-3.Aufl., 148 S., Koblenz (Landesamt für Denkmalpflege).

Bosselmann, J. (1983): Die Vogelwelt des Naturschutzgebietes „Laacher See".-In: Den gibt es nur einmal: Laacher See, S. 30-36, Köln (Rhein. Verein f. Denkmalpfl. u. Landschaftsschutz)

Dressel, L. (1871): Geognostisch-geologische Skizze der Laacher-Vulkangegend. -64 S., 22 Abb., 1Kte.; Münster/W. (Aschendorff).

Frechen, J. (1976): Siebengebirge am Rhein, Laacher Vulkangebiet, Maargebiet der Westeifel. -Slg. geol. Führer 56, 3. Aufl., 209 S., 46 Abb., 7 Tab.; Stuttgart.

Freundt, A. & Schmincke, H.-U. (1986): Emplacemant of small-volume pyroclastic flows at Laacher See (East-Eifel, Germany). - Bull. volcanol. 48, S. 39-59, 24 Abb., Heidelberg.

Fuhrmann, U. & Lippolt, H.J. (1986): Excess Argon and Dating of Quaternary Eifel Volcanism. II. Phonolithic and Foiditic Rocks near Rieden, East Eifel/FRG.-N.Jb.Geol. u. Paläont., Abh., 172, S. 1-19, 5 Abb., 5 Tab., Stuttgart.

Grewe, K. (1979): Der Fulbert-Stollen am Laacher See. Eine Ingenieurleistung des hohen Mittelalters. -Z.f. Archäologie des Mittelalters, 7: 3-38, 29 Abb.; Bonn.

Hanle, A. (Herausg.) (1990): Eifel.-Meyers Naturführer, 138 S., Mannheim (Meyer).

Hentschel, G. (1983): Die Mineralien der Eifelvulkane. -152 S., 376 Abb., München (Weise).

Hörter, F. (1975): Antike Steingewinnung aus den Lavaströmen des Veitskopfes. -Die Eifel, 70(1), S. 22-26, 2 Abb., Düren.

Hopmann, M., Frechen, J. & Knetsch, G. (1959): Die vulkanische Eifel.- 2. Aufl., 143 S., Bonn (Stollfuß).

Jakobs, J. (1913): Wanderungen und Steifzüge durch die Laacher Vulkanwelt. -Die Rheinlande in naturwiss. u. geograph. Einzeldarstellungen, 2, 61 S., Braunschweig (Vieweg).

Lorenz, V. & Büchel, G. (1980): Zur Vulkanologie der Maare und Schlackenkegel der Westeifel. -Mitt. Pollichia, 68, S. 29-100, 58 Abb., Bad Dürkheim.

Meyer, W. (1983): Geologischer Wanderführer: Eifel.- 11 S., 106 Abb., Stuttgart (Franckh), Nachdruck München 1993.

(1988): Geologie der Eifel. - 2. Aufl., XV + 615 S., 153 Abb., 13 Tab., Stuttgart (Schweizerbart).

(1993): Das Vulkangebiet des Laacher Sees. -Rhein. Landschaften, 9, 5. Aufl., Köln (Rhein. Ver. Denkmalpfl. u. Landschaftsschutz).

Meyer, W., & Stets, J. (1975): Das Rheinprofil zwischen Bonn und Bingen. -Z. dt. geol. Ges., 126: 15-29, 1 Abb., 2 Taf.; Hannover.

(1980): Zur Paläogeographie von Unter- und Mitteldevon im westlichen und zentralen Rheinischen Schiefergebirge. -Z. dt. geol. Ges., 131: 725-751, 9 Abb.; Hannover.

Meyer, W., Stets, J., & Wurster, P. (1974): Gefüge und Entstehung der Ringdünen in den grauen Tuffen des Laacher Vulkans. -Geol. Rundsch., 63: 1113-1132, 10 Abb.; Stuttgart.

Murawski, H. (1992): Geologisches Wörterbuch. -9. Aufl., 252 S., Stuttgart (Enke), München (dtv).

„Neuwieder Becken - Laacher See“ Exkursionsführer, PZ-Information 5/93, Erdkunde, Hrsg.:Pädagogisches Zentrum Rheinland-Pfalz Bad Kreuznach.

Nüchel, G. (1980): Zur Vegetation des Laacher Sees. -Mittl. Pollichia, 68, S. 156-165, 1 Abb., Bad Dürkheim.

Rahm, G. (1923): Naturkundliche Wanderungen am Eifelmaar. -2. Aufl., Bonn (Eifelverein).

(1926): Schutz der Tierwelt am Laacher See! - In: Zepp, P. (Hrsg.), Die Laacher Landschaft, S. 59-64, Bonn (Naturhist. Ver. Rheinld. Westf.).

Schmincke H.-U.: Vulkane im Laacher-See-Gebiet, Ihre Entstehung und heutige Bedeutung, Doris Bode Verlag GmbH, Haltern.

Schmincke H.-U.: (1986): Vulkanismus.-Wiss. Buchgesellschaft, 164 S., Darmstadt.

Schweitzer, H.J. (1958): Entstehung und Flora des Trasses im nördlichen Laacher Seegebiet.-Eiszeitalter u. Gegenwart, 9, S. 28-48, 15 Abb., 4 Taf., Öhringen.

Schweitzer, H.J. (1983): Die Unterdevonflora des Rheinlandes. I.-Palaeontographica B, 189, 128 S., 95 Abb., 24 Taf., Stuttgart.

Street, M., Baales, M., Weninger, B. (1994): Absolute Chronologie des späten Paläolithikums und des Frühmesolithikums im nördlichen Rheinland. - Archäolog. Korrespondenzbl., 24, S. 1-28, Mainz.

Thiele, H.U. & Becker, J. (Hrsg.) (1975): Der Bausenberg, Naturgeschichte eines Eifelvulkans. -Beitr. z. Landespflege Rhld.-Pfalz, 4, Oppenheim.

Verbandsgemeinde Brohltal (1993): Alte Steinkreuze im Gebiet der Verbandsgemeinde Brohltal (m. einem Betr. v. K. Müller-Veltin). -91 S., Niederzissen (Verbandsgemeinde).

Viereck, L. (1984): Geologische und petrologische Entwicklung des pleistozänen Vulkankomplexes Rieden, Ost-Eifel.-Bochumer geol. u. geotechn. Arb., 17, 337 S., 108 Abb., 38 Tab., Bochum.

Wörner, G., Viereck, L., Plaumann, S., Pucher, R., Bogaard, P. v. d., Schmincke, H.-U. (1988): The Quaternary Wehr Volcano: a multiphase evolved eruptive center in the East Eifel Volcanic Field (FRG). -N. Jb. Mineral., Abh., 159, S. 73-99, Stuttgart.

Glossar

Agglutinat: lateinisch agglutinare = zusammenkleben. Bei einem Vulkanausbruch ausgeworfene größere Lavatropfen, die beim Auftreffen auf den Hang des Vulkankegels noch flüssig sind und miteinander verschweißen und so lavastromähnliche Formen bilden.

Asche: staubartiges bis 2 mm großes vulkanisches Auswurfmaterial, das aus zerspratzten Bestandteilen der Schmelze (u. a. Glasscherben) und zerriebenem Nebengestein besteht.

Augit: dunkles Mineral; Eisen-, Magnesium-, Calcium-, Aluminium- oder Natrium-haltiges Silikat. In basischen (kieselsäurearmen) Gesteinen häufig.

base surge (englisch = Grundwoge, Grundschwall): mit großer Geschwindigkeit sich von einem vulkanischen Eruptivzentrum dicht über dem Erdboden ausbreitende Wolken, aus Wasserdampf und Gesteinsbruchstücken bestehend. Sie treten bei phreatischen Ausbrüchen auf, bei denen also Oberflächenwasser oder Grundwasser auf heißes vulkanisches Material trifft.

Basalt: Sammelname für dunkle, kieselsäurearme Ergußgesteine, die also hauptsächlich aus Plagioklas und Augit bestehen.

Basanit: olivinführendes basaltisches Gestein.

Bims: durch während der Erstarrung kieselsäurereicher Gesteinsschmelzen eingeschlossenes Gas schaumiges Gestein, das daher auf Wasser schwimmt.

Biotit: dunkles, eisenreiches Glimmer-Mineral; wird durch Verwitterung zu goldbrauner Farbe gebleicht („Katzengold").

Bombe: aus einem Vulkan ausgeworfener Lavatropfen, der während des Fluges erstarrt und dabei eine rundliche Form bekommen kann.

Brachiopoden (Armfüßler): meeresbewohnende wirbellose Tiere, deren Körper wie bei den Muscheln durch zwei Kalkschalen geschützt wird. Sie gehören aber nicht wie die Muscheln zu den Mollusken (Weichtieren), da ihr Körper anders gebaut ist. Sie ernähren sich und atmen mit Hilfe von fleischigen Armen, mit denen sie sich frisches Wasser und damit auch Nahrung zustrudeln können.

Caldera (spanisch = Kessel): bei großvolumigen gasreichen Vulkanausbrüchen wird der Vulkanherd plötzlich stark entleert, und die Erdkruste darüber oder der Vulkanbau brechen in einer runden Senke ein, die man dann Caldera nennt.

Dom: kuppel- oder keulenförmige Lavakuppe kieselsäurereicher und daher sehr zähflüssiger Schmelzen.

Einsprenglinge: mit bloßem Auge erkennbare Kristalle, die in einer feinkörnigen Grundmasse eines vulkanischen Gesteins schwimmen.

Eiszeit: Epoche der Erdgeschichte, in der es sich so stark abkühlt, daß großflächige Vergletscherungen entstehen. Es lassen sich innerhalb der Erdgeschichte mehrere solcher Eiszeiten erkennen. Innerhalb der letzten 2 Millionen Jahre hat es auf der Nordhalbkugel etwa 15 Eiszeiten (Kaltzeiten) gegeben, zwischen denen Perioden lagen, in denen das Klima ähnlich war wie heute und das Eis abschmolz (Warmzeiten, Zwischeneiszeiten). Deshalb nennt man diesen Zeitabschnitt auch das Eiszeitalter.

Feldspat: in vielen magmatischen Gesteinen vorhandene Minerale. Man unterscheidet Kalifeldspäte (unter ihnen Sanidin): kaliumführende Aluminium-Silikate und Plagioklase: in wechselnder Menge Natrium und Calcium führende Aluminium-Silikate.

Feldspatvertreter: Mineralgruppe, die aus den gleichen Elementen zusammengesetzt ist wie die Feldspäte, nur mit weniger Kieselsäure als diese. Gesteine mit Feldspatvertretern enthalten keinen Quarz, weil der dazu geführt hätte, daß Feldspäte auskristallisierten. In kieselsäreuntersättigten Magmen vertreten also diese Minerale (Leuzit, Nephelin, Nosean, Hauyn u.a.) gewissermaßen die Feldspäte.

Fossilien (lateinisch fossilis = ausgegraben): Reste früherer Lebewesen im Gestein. Die Hartteile wie Schalen oder Skelette können noch direkt überliefert werden; manchmal sind aber nur die Abdrücke davon erhalten.

Kieselsäure: Säuren, die sich von Siliziumdioxid (SiO_2) ableiten; meist wird der Ausdruck etwas pauschal für SiO_2 verwendet, das als Mineral Quarz vorkommt. Kieselsäurereich sind also Minerale wie die Felspäte, deren chemische Formel Si_3O_8 enthält, kieselsäurearm z. B. der Olivin, in dessen Formel SiO_4 ein Bestandteil ist.

Lava: an der Erdoberfläche austretendes Magma und dessen Erstarrungsprodukte.

Magma: Gesteinsschmelze unter der Erdoberfläche.

Mofetten: trockene Gasaustritte von Kohlendioxid

Olivin: ein meist olivgrünes Mineral in basischen Gesteinen. Ein Silikat mit wechselnden Gehalten von Eisen und Magnesium. Es ist das gesteinsbildende Silikat mit dem geringsten Gehalt an Kieselsäure.

Plagioklas: die kieselsäureärmere Feldspatgruppe; Aluminium-Silikate mit wechselndem Gehalt von Natrium und Calcium. Meist milchig weiß.

Sanidin: ein Feldspat, der meist glasklar ist und chemisch ein kaliumhaltiges Aluminium-Silikat darstellt.

Seelilien (Crinoiden): meeresbewohnende Tiere aus der Verwandtschaft der Seeigel und Seesterne. Der Körper (den man als Kelch bezeichnet) sitzt auf einem oft meterlangen Stengel, der am Meeresgrund festgewachsen ist. Um in der Strömung beweglich zu sein, ist er wie eine Geldrolle aus zahlreichen Scheiben zusammengesetzt. Nach dem Tod des Tieres zerfällt er, und die einzelnen Scheiben („Bonifaziuspfennige") erfüllen massenhaft das Gestein.

Silikate: Verbindungen von Kieselsäure mit Metallen. Die wichtigsten gesteinsbildenden Minerale sind Silikate.

Tephra: unverfestigtes vulkanisches Auswurfmaterial.

Trilobiten („Dreilapper"): meeresbewohnende gepanzerte Gliederfüßler mit vielen Beinpaaren; sie ähneln also den Asseln oder Tausendfüßlern, gehören aber zu einer anderen, seit dem Ende des Paläozoikums ausgestorbenen Gliederfüßler-Gruppe (Paläozoikum: vgl. Abb. 1).

Tuff: verfestigtes vulkanisches Auswurfmaterial.

Abbildungsnachweis

2: W. Meyer & J. Stets 1980
4: H.-J Schweitzer (Bonner Paläobot. Mitt.3, 1979)
7,9, 10, 16, 18, 19, 21, 23, 25, 34, 40, Titelbilder: Landesmedienzentrum Rheinland-Pfalz, Koblenz-Ehrenbreitstein
17 A. Renn/Kell
27,28: Archiv Manfred Dahm, Weibern
19a, 32: W. Matzeit
30: Tambour Corps Edelweiß, Weibern
Kartenunterlagen für die Routenkarten: Landesvermessungsamt Rheinland-Pfalz, Koblenz
alle anderen Abbildungen von W. Meyer

Ortsregister

Bausenberg: 17, 20, 25, 27, 30, 56
Brenk: 71
Brohl: 10, 13, 14, 20, 22, 34, 58
Buchholz: 15, 19, 46, 48
Burgbrohl: 14, 16, 17, 22, 23, 38, 40, 44, 45, 48
Burgschafstall: 66
Dachsbusch: 19, 20, 29, 31, 32, 37
Engeln: 58, 59, 68, 70, 71, 72
Felsenidylle: 47
Glees: 19, 29, 31, 32, 34, 45, 83
Gönnersdorf: 28, 55
Hain: 14, 51, 54
Hannebacher Ley: 16, 28, 29, 30
Herchenberg: 17, 20, 23, 24
Hüttenberg: 31, 29
Kahlenberg: 16, 17, 20, 48
Kempenich: 16, 28, 58, 59, 67, 68, 70, 71, 72
Königssee: 26, 27, 54
Kunkskopf: 17, 20, 43, 48
Laacher See: 36, 39, 41, 44, 47, 54, 74, 75, 76, 77, 79, 80, 81, 82, 83, 84, 85
Lummerfeld: 43, 44, 47, 48
Lehrenkopf: 30, 58
Leilenkopf: 17, 20
Marien-Köppchen: 55
Maria Laach: 29, 32, 65, 79, 82, 83
Mauerley: 44
Niederdürenbach: 27, 54
Niederoberweiler: 23
Niederzissen: 14, 20, 27, 50, 56
Oberdürenbach: 14, 16, 27
Oberzissen: 27, 52
Olbrück: 17, 27, 28, 29, 30, 48, 50, 52, 53, 54, 59, 70
Perlerkopf: 28
Rieden: 18, 29, 58, 59, 62, 64, 66, 71, 82
Schellkopf: 17, 30, 48, 59, 71
Schorberg: 30, 48, 58, 70, 71
Spessart: 14, 68
Steinberg: 26, 27, 30, 54

Steinbergskopf: 16, 20
Tauber: 48
Tiefenstein: 29
Tönisstein: 36, 37, 39, 40, 41
Veitskopf: 17, 74, 84
Wassenach: 20, 39, 41
Wehr: 14, 17, 19, 29, 31
Weibern: 16, 58, 59, 60, 61, 62, 64, 65, 66, 71, 82
Windkaul: 29, 60
Wolfsschlucht: 40, 41